普通高等教育"十一五"国家级规划教材
21世纪高职高专电子信息类规划教材

有线电视技术

第 2 版

主　编　易培林
副主编　杨广宇　朱　鸣
参　编　史娟芬　郑　彬　杨清学
主　审　王慧玲

机 械 工 业 出 版 社

本书分理论知识教学和实践教学两篇。理论知识教学篇内容包括：有线电视系统概述、广播电视接收、卫星电视接收、有线电视的前端系统、有线电视传输系统、网络规划及系统设计、有线数字电视系统、现代CATV技术；实践教学篇内容包括：CATV系统部件的认识与检测、CATV系统安装调试实训、CATV的日常维护和常见故障的检修、小型有线电视系统的设计实例（校园网）等。

本书取材较新颖，表述简练，通俗易懂，充分体现职业教育特点，突出"宽、浅、新、用"的四字方针，非常适合高等职业学校（兼顾中等职业学校）的电子技术类、信息技术类等专业作为专业教材，也可供从事有线电视技术的工程人员作培训教材和参考书。

本教材配有电子课件（由刘骁完成电子课件的制作），习题参考答案等。**凡使用本书作为教材的教师或学校**可向出版社免费索取。您可以发送电子邮件至 cmpgaozhi@sina.com，或拨打咨询电话010-88379375。

图书在版编目(CIP)数据

有线电视技术/易培林主编. —2版. —北京：机械工业出版社，2009.1（2013.1重印）

普通高等教育"十一五"国家级规划教材. 21世纪高职高专电子信息类规划教材

ISBN 978—7—111—10485—8

Ⅰ. 有… Ⅱ. 易… Ⅲ. 电缆电视—高等学校：技术学校—教材 Ⅳ. TN943.6

中国版本图书馆CIP数据核字（2008）第202779号

机械工业出版社（北京市百万庄大街22号 邮政编码100037）
策划编辑：于 宁 责任编辑：曹雪伟
版式设计：霍永明 责任校对：陈延翔
封面设计：陈 沛 责任印制：张 楠
北京富生印刷厂印刷
2013年1月第2版第5次印刷
184mm×260mm · 12印张 · 287千字
12001—15000册
标准书号：ISBN 978—7—111—10485—8
定价：23.00元

凡购本书，如有缺页、倒页、脱页，由本社发行部调换

电话服务 网络服务

社服务中心：(010)88361066   教 材 网：http://www.cmpedu.com
销 售 一 部：(010)68326294   机工官网：http://www.cmpbook.com
销 售 二 部：(010)88379649   机工官博：http://weibo.com/cmp1952
读者购书热线：(010)88379203   封面无防伪标均为盗版

前 言
PREFACE

有线电视（Cable Television——CATV）在我国已获得了极大发展和普及，越来越多的用户通过有线电视系统可以收看到多套高质量的电视节目。随着信息化社会的发展，特别是宽带（HFC）交互式双向电视网的实施和完善，有线电视已成为信息化社会的重要组成部分，并且极大地改变了人们的工作方式和生活方式。

本教材是为适应高（中）等职业学校人才培养和全面素质教育，遵照《面向 21 世纪振兴行动计划》提出的职业教育改革精神而编写的。根据"十一五"国家级规划教材的要求和职业教育的特点，在章节内容上充分体现"宽、浅、新、用"的四字方针。本教材采用模块式结构，主要强调有线电视系统基本知识、基本概念和基本技能的培养，加强工程实践。基本理论方面，深入浅出，定性分析多、定量分析少，使学生便于理解，同时介绍一些有线电视的新技术，使学生了解和掌握有线电视技术的发展方向；基本技能方面，通过实验和实训，使学生能够掌握一些基本操作方法，并能检测有线电视系统中常用部件，亲自连接和调试有线电视系统，同时能对常见故障进行分析、判断和处理。

根据近年来有线电视技术的快速发展，本教材在第 1 版的基础上做了一些修改，主要体现在：1）通俗易懂，兴趣入门，自然引入，如第一章第一节改为"有线电视的起源和发展"；2）第 1 版第七章内容合并到其他章节，使知识更加紧凑完善；3）增加"有线数字电视系统"作为第八章，扩大知识面，紧跟最新技术，满足实际工作需要。4）实践模块各章节进行补充和完善，更能体现"理论联系实际、学以致用"的职业教育特色。

全书分理论知识教学和实践教学两篇，共十二章内容。其中第一章至第八章为理论知识教学篇。第一章为有线电视系统概况；第二章为广播电视接收；第三章为卫星电视接收；第四章为有线电视的前端系统；第五章为有线电视的传输系统；第六章为网络规划及系统设计（选用）；第七章为现代 CATV 技术（选用）；第八章为有线数字电视系统。第九章至第十二章为实践教学篇。第九章为 CATV 系统部件的认识与检测；第十章为 CATV 系统的安装与调试实训；第十一章为 CATV 系统的日常维护和故障检修；第十二章为小型有线电视系统的设计实例（选用）。

本书由易培林任主编，杨广宇、朱鸣任副主编，史娟芬、郑彬、杨清学参编。其中，第一章、第三章、第四章和第十二章由易培林编写；第二章、第八章（部分）由史娟芬编写；第五章由郑彬编写；第六章由杨清学编写；第七章由朱鸣编写；第八章（部分）、第九章、第十章、第十一章和附录由杨广宇编写。易培林负责对全书的文稿进行了统一的修改和编辑。

本书由北京信息职业技术学院的王慧玲副教授主审。王慧玲老师认真地对全书书稿进行了审阅，提出了许多宝贵意见，在此表示衷心感谢！由于编者水平有限，错误和不妥之处在所难免，恳请读者批评指正。

编　者

目 录
CONTENTS

第一篇 理论知识教学

随着我国信息技术的飞速发展，有线电视网已成为信息化社会的重要组成部分，它正由单一的广播业务向宽带、多功能综合业务方向发展。特别是多功能有线电视网的发展，极大地改善了人们的生活方式和工作方式。为了适应信息社会的发展，学好有线电视技术很有必要。

本篇遵循系统、科学、实用的编写原则，讲述了有线电视的基本概念、基本工作原理和基本分析方法；同时介绍一些有线电视的新技术及发展方向；根据职业教育的特点，着重培养学生职业技术能力。在内容处理上，力争做到章节内容系统、连贯，语言通俗易懂，并且采用了大量插图，以便于理解。

第一章 有线电视系统概况

第一节 有线电视的起源和发展

一、有线电视的起源

有线电视起源于美国。二十世纪四十年代末期，在美国的一些山区，由于周围山势的影响，电视节目收看质量很差，于是当地居民便选择具有较好接收条件的山头架设高质量的天线，用同轴电缆把接收到的信号送至山下，通过分配网络传递给多个电视用户。这种多个用户共用一组优质天线，以有线方式将信号分送至各个用户的电视系统，便是有线电视系统的雏形，人们称之为共用天线电视系统，英文缩写为 MATV（Master Antenna Television）。

随着城市的发展，高层建筑和各类电磁干扰源日益增多，电视屏幕上的各种干扰问题也日趋严重。为了改善接收质量，共用天线系统便在城市中逐渐发展起来。这类系统起初只在大楼、宾馆、饭店以及小型住宅区使用，随着科技的发展，利用光纤传输技术、微波技术、卫星通信技术等传输方式，使电视信号的传输距离更远，网络的规模更大，最终可以在终端的用户数量更多的大型住宅区及城镇中使用。此外系统前端不仅能高质量地转播当地的开路电视节目，还可以利用各种影像设备自办节目和转发卫星电视节目，并能双向传输和交换信息，例如我国广东、上海、青岛等部分省市都已成功地在若干小区开通了交互有线电视网，实现了多功能服务，满足了人们实现高质量、多频道、多功能的电视传播的愿望，从而极大地改变了人们的工作方式和生活方式。这样就逐渐形成了我们今天所说的有线电视系统，英文缩写是 CATV（Cable Television）。

与传统的电视传播方式相比，有线电视的特点及优点是：

（1）图像的质量好 有线电视系统由于采用优质天线来接收信号，同时在前端进行处理，从而提高了信噪比，保证了信号源的高质量，这样就可以改善弱场区的接收效果，减少雪花干扰；又因为采用了电缆或光缆等有线媒质来传送信号，从而不受地形和高层建筑的影响，避免了空间电波的干扰，使电视图像更加清晰，还能消除重影现象。

（2）传送的节目多、距离远 有线电视系统既可以转播开路电视节目，又可以传送卫星电视节目、微波电视节目和电视台的自办节目等多种电视信号，若再采用先进的邻频传输技术，能使可传送的节目套数大为增加。

（3）节省费用，有利于美化市容 采用有线电视系统，成千上万的用户共用一组天线来收看节目，传输线路沿地下铺设，这样既可以节省大量金属材料，又能消除"天线森林"现象，有利于市容的美化。

二、有线电视的发展

随着社会的进步和发展，"天上卫星，地上有网"的星网结合模式必将成为21世纪电视广播的主要技术手段，也将成为我国信息化社会的组成部分；有线电视网、电信网和计算机数据网的"三网合一"是信息化社会的发展方向。

有线电视网络发展到今天，无论从组网技术到网络功能都发生了革命性的变化，但其宗旨始终就是服务于广大电视用户，并致力于丰富广大人民群众的业余文化生活。在有线电视网络发展初期，由于节目丰富、信号质量可靠、图像清晰稳定吸引了广大的电视用户。但随着时间的推移，用户消费水平的逐步提高，有线电视网络已经面临着巨大的压力，Internet接入、VOD点播、VoIP等已经成为有线电视用户新的需求。因此，有线电视网络也在逐步的升级改造。其工作带宽由原先的450MHz或750MHz发展到目前的860MHz或1000MHz，以及未来的2600MHz；同时广大有线网络运营商也在一直探索一个先进的合理的宽带接入技术。通过利用各种先进技术，实现有线电视双向传送功能，即交互式有线电视，从而使有线电视的用途更加广泛，如数据传输、付费电视、节目点播、安全监视、电视购物、电子付款、保安和医疗等等。

三、有线数字电视

有线数字电视是指从内容采集、制作、播出到传输、存储、接收的各个环节全部采用数字技术的新一代电视。其实质就相当于把数字技术、数字通信技术等运用到有线电视中来。随着数字技术的日臻完善，有线数字电视将由标准清晰度数字电视（SDTV），发展到高清晰度数字电视（HDTV），其传送方式将由单向传送，发展到双向交互传送。有线数字电视突破狭义的传统电视服务的概念，可以为用户提供涵盖电视、声音、数据信息的多媒体服务，使用户更主动更方便地获取信息，进行通信或享受娱乐，并且使频道资源得到了充分利用和释放。

目前，电视信号的制作和播出都实现了数字化，唯独用户的信号接收还处在模拟阶段，但用户可以通过数字电视机顶盒与现在的有线电视网络连接，接收数字电视节目。由于采用了数字压缩技术，使原来传送一个频道的空间，增加到可以传送6~8个频道。因此，数字电视提供的频道量大大增加，高达四五百个频道，而且音质和画质也大大提高，广大用户可以享受 CD 一般的音质和 VCD/DVD 一样的画面质量了。数字电视节省出了大量频道空间来提供大量的新服务，这也是数字电视和现在的模拟电视最大的区别。除了能够看节目之外，它可以给人们带来更多有趣的服务。目前已经实现的有：能够自由选择的互动性质的服务，比如点播服务；提供很多有用信息的家庭综合信息平台，比如天气预报等；互相发短信和邮件；还有各种小游戏等等。

将来，数字电视还能够提供交易的功能，比如用户可以通过数字电视的服务缴纳水电费、煤气费等；也可以直接通过电视实现购物，以及股票和期货买卖等，从而足不出户就能够挑选到自己喜欢的东西。

数字技术为有线电视网络经营者提供了一个得天独厚的宽带网络运营平台，同时也为广播电视领域带来了难得的市场机遇。把握机遇，迎接挑战，首先应该结合自身实际，制定切实可行的有线电视网络数字化规划，将搭建数字电视传输平台作为开展信息服务的切入点，在开展增值业务中改变观念、健全机制、培育市场、稳步发展。总之，有线数字电视技术是今后的发展方向。有关有线数字电视的内容在第八章有详述。

第二节　有线电视的基础知识

一、电磁波传播的基本知识

1. 电磁波的基本概念

无线电系统例如广播、通信、电视，都是利用电磁波来传递信息的。在广播电视系统中，必须首先将视频信号调制在高频载波上，然后把调制后的高频（射频）电视信号放大，并通过发射天线转换为电磁波辐射到空间，传播到四面八方广大的电视用户那里。当把高频电流送入天线导体时，高频电流在导体周围产生变化的磁场，而这个变化的磁场又会激起变化的电场，变化的电场又产生变化的磁场，变化的电场和磁场便以馈电导体为中心，以周围的空气为媒介向远处传播，这种传播具有波动特性，所以称为电磁波。在自由空间里，电磁波的电场方向与磁场方向是互相垂直的，且朝着和电场、磁场都互相垂直的方向传播。如图 1-1a 所示，电磁波的电场方向为 x 轴，磁场方向为 z 轴，电磁波的传播方向为负 y 轴，该图进一步说明了电磁波传播的基本原理。

极化是电磁波的一个重要概念。电磁波在空间传播时，电场矢量和磁场矢量在空间具有一定的取向，这种现象就称为电磁波的极化。通常我们以电磁波的电场矢量的方向作为波的极化方向，在此方向上电场强度最大，（在垂直于传播方向的平面上，由电场矢量端点的轨迹呈线状、圆形或椭圆形，极化可分为线极化、圆极化，椭圆极化）。在工程上，通常以大地作为参照标准平面，把电场方向与大地平面相平行的电磁波称为水平极化波，如图 1-1a 所示；而把电场方向与大地平面相垂直的电磁波称为垂直极化波，如图 1-1b 所示。

电磁波在真空中和大气中的传播速度近似于光速，即 300 000km/s。电磁波相邻两对应点（如同一相位的波腹）的空间距离为电磁波的波长，其速度 v 和波长 λ 之间的比值为电磁波的频率 f，三者之间的关系为

$$\lambda = v/f$$

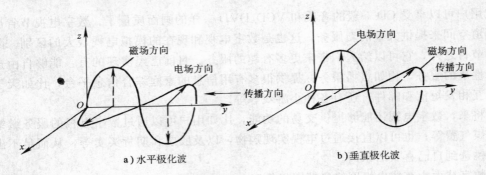

a）水平极化波　　　　　　　　b）垂直极化波

图 1-1　电磁波的传播及电磁波的极化

因此，可以按波长和频率对电磁波划分波段，不同的波段，用途也不同。根据电磁波理论，只有当天线的几何尺寸大到可以和电磁波波长相比拟时，天线才能有效地辐射电磁波。由于实际天线尺寸的限制，故电磁波发射必须提高到高频频段。

2. 电磁波的波段划分

随着科技的发展，作为一种自然资源，电磁波的应用频率范围已十分宽广。国际上把电磁波的整个频率范围划分为许多波段，各波段的频率范围、对应的波长和波段名称见表1-1。在各波段中，用于电视广播的是超短波和微波中的分米波，即甚高频（VHF）和特高频（UHF）。

表 1-1　电磁波的波段划分

波 段 名 称		波长范围/m	频率范围	电波名称
极长波		100 000 以上	3kHz 以下	极低频（ELF）
超长波		100 000～10 000	3～30kHz	甚低频（VLF）
长波		10 000～1 000	30～300kHz	低频（LF）
中波		1 000～100	300～3 000kHz	中频（MF）
短波		100～10	3～30MHz	高频（HF）
超短波		10～1	30～300MHz	甚高频（VHF）
微波	分米波	1～0.1	300～3 000MHz	特高频（UHF）
	厘米波	0.1～0.01	3～30GHz	超高频（SHF）
	毫米波	0.01～0.001	30～300GHz	极高频（EHF）

3. 电磁波的发射和接收

在广播电视系统中，天线是实现高频电流（或电压）与电磁波相互转换的装置。天线可分为发射天线和接收天线，发射天线是将高频电流（或电压）转换为电磁波并向空间传播出去，接收天线则是将空间接收到的电磁波转换成在传输线中传输的高频电流（或电压）。因此，无论发射天线还是接收天线，都属于能量变换器，具有可逆性，即一副天线，既可以作为发射天线使用，也可以作为接收天线使用，且参数保持不变。

电磁波的极化方向取决于发射天线的放置方向。当发射天线平行于地面放置时，电磁波中的电场方向也平行于地面，所辐射的电磁波就是水平极化波；当发射天线垂直于地面放置时，电磁波中的电场方向也垂直于地面，所辐射的电磁波就是垂直极化波。因此，在接收端，为了接收到较强的电磁波，接收天线的放置方向必须与发射天线放置的方向一致。当电磁波为水平极化波时，接收天线应水平放置，如图 1-2a 所示；当电磁波为垂直极化波时，接收天线应垂直放置，如图 1-2b 所示。

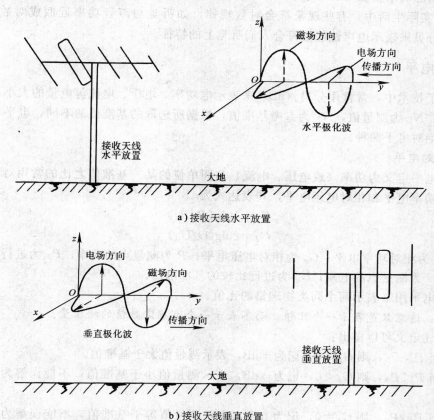

a）接收天线水平放置

b）接收天线垂直放置

图 1-2　电磁波的极化与接收天线的放置形式

二、信号的分贝表示法

分贝是由贝尔（Bel）导出的，贝尔是为了度量两个物理量（N_1 和 N_2）的比值而设定的计量单位，其定义式为

$$R = \lg(N_1/N_2) \tag{1-1}$$

式中，lg——以 10 为底的常用对数。

1Bel 在实际测量中往往太大，因此，常用其 1/10 作为测量单位，这就是 1dB（分贝，decibels）由定义可得

$$1Bel = 10dB$$

把该等式代入式（1-1）即为分贝定义式

$$R = 10\lg(N_1/N_2) \tag{1-2}$$

在无线电技术中，常用分贝来表示放大电路的增益和一些物理量的大小，例如电功率、电压、电流等。使用分贝的优点主要有以下几点：

1）可以把较大的数字转换为较小的数字。

2）把乘除运算变为加减运算。例如多级放大电路中，若每级放大电路的增益用分贝表示，那么总的增益就可以用求和的方法计算。

3）在实际生活中，有些现象符合对数规律，如听觉与声音功率近似成对数的关系，因此，用分贝来表示电声性能更符合人们听觉上的特征。

三、电平

在电子技术中，常常用分贝（dB）来表示电功率、电压、电流等电量的大小，称为电平。这时，N_1 为测量值，N_2 为参考基准值，根据所选取的基准值的不同，电平可分为相对电平和绝对电平两种。

1. 相对电平

相对电平定义为功率（或电压、电流）与同单位的某一基准值之比的常用对数，常用的是相对功率电平和相对电压电平，其表达式为

$$G_p = 10\lg(P/P_0) \tag{1-3}$$
$$G_u = 20\lg(U/U_0) \tag{1-4}$$

式中，G_p 为相对功率电平；G_u 为相对电压电平；P 为测量点的功率；P_0 为进行比较的基准功率；U 为测量点的电压；U_0 为进行比较的基准电压。

相对电平用来表示两个同类物理量的比值。

注意：这里只是表示一个比值，而不表示一个有确定数值的物理量。

由上述定义可以得出：

1）当 $P>P_0$，则 $G_p>0$，记为 +dB，表示测量值大于基准值。

2）当 $P<P_0$，则 $G_p<0$，记为 -dB，表示测量值小于基准值，不能误解为测量值为负。

3）当 $P=P_0$，则 $G_p=0$，记为 0dB，表示测量值等于基准值，不能误解为测量值也为零。

在有线电视中，相对电平常用来表示一些器件的电气性能参数，例如放大器输出功率和输入功率之比，叫做放大器的功率增益，若相对电平是正的，则表示放大器有增益；又例如一段长度的电缆输出端电压和输入端电压之比，叫做电缆的衰减常数，若相对电平是负的，则表示电缆有损耗。

2. 绝对电平

（1）绝对功率电平　在式（1-3）中，当基准功率值 P_0 选定 1mW 来计算某测量点的电平时，则所测得的电平称为绝对功率电平。由于此时基准值为确定数值，因此绝对功率电平也表示一个具有确定数值的物理量。为了区别于相对电平，同时也标明基准值的单位，要在 dB 的后面加上 mW，记为 dBmW，同理，若 P_0 选定 1W，则记为 dBW。

因此，当 $P=1mW$ 时，该点绝对功率电平为 0dBmW，即 0dBmW=1mW。

同理，10dBmW=10mW；20dBmW=100mW…

（2）绝对电压电平　在式（1-4）中，当基准电压值 U_0 选定 $1\mu V$ 时，所得电平即为绝对电压电平，记为 $dB\mu V$。

同样，$0dB\mu V=1\mu V$；$20dB\mu V=10\mu V$；$40dB\mu V=100\mu V$…

由于 1mV=1000μV，所以 0dBmV=60dBμV=1000μV。

在我国习惯选用 1mW 和 $1\mu V$ 为基准值。

在有线电视系统中，利用相对电平和绝对电平可以很方便地计算一些电平值，例如放大器的增益为 20dB，输入电平为 $70dB\mu V$，则输出电平 $(70+20)dB\mu V=90dB\mu V$。

四、噪声、信噪比及噪声系数

噪声是一切干扰和破坏有用信号的无用信号的泛指。在有线电视系统中，它不仅会影响图像的清晰度，在屏幕上出现"雪花"或杂乱的干扰条纹，严重时甚至会淹没信号。因此，对于整个系统来说，噪声是一个重要的指标。

噪声产生的来源有系统内部的，也有系统外部的。系统的内部噪声主要是由于各种元器件导电特性而产生的随机噪声，包括电阻的热噪声、晶体管的散弹噪声和低频噪声等。外部噪声也称为干扰，主要有天电干扰、其他电台发射的电磁波、工业干扰以及天线热噪声等。天电干扰是指由于大气层内各种自然现象（例如雷雨放电）引起的干扰；工业干扰是指由于各种电气设备产生的电火花而引起的干扰；天线热噪声是由于天线周围介质的热运动产生的电磁波辐射，由天线接收进来而形成的噪声，在具有接收天线的系统中，它是一项主要的噪声源，通常无论有线电视系统性能的好坏，在接收天线输出端至少要有 $2.4dB\mu V$ 大小的噪声，从而限制了信号的最低接收电平。

1. 信噪比

由于噪声总是和信号相对立而存在的，因此，只说噪声是没有意义的，必须同时衡量噪声和有用信号的大小。信噪比就是这样一个重要的参数，其定义为视频信号功率与噪声功率的比值，公式为

$$信噪比 = S/N$$

式中，S 为视频信号功率；N 为噪声功率。

用分贝表示为

$$信噪比 = 10\lg(S/N) \tag{1-5}$$

或

$$信噪比 = S - N \tag{1-6}$$

若想在接收端看到满意的图像，信噪比必须达到规定的要求，否则即使提高信号电平，也不能保证节目的质量。电视图像质量的主观评价以及与信噪比的关系见表 1-2。

表 1-2 图像质量主观评价标准

图 像 等 级	信噪比/dB	主 观 评 价	干扰杂波造成的影响
5	45.5	优	觉察不到杂波和干扰
4	36.6	良	可觉察到但不讨厌
3	29.9	中	有点讨厌
2	25.4	差	讨厌
1	23.1	劣	无法收看

2. 载噪比

在有线电视系统中，大部分传输信号都是高频载波信号（射频信号），因此，常使用载噪比（dB）这一概念，其定义为信号载波功率和噪声功率之比，也用分贝表示，其公

式为

$$载噪比 = 10\lg(C/N) \qquad (1\text{-}7)$$

式中，C 为信号载波功率；N 为噪声功率。

载噪比与信噪比的关系为

$$C/N = S/N + 6.4 \qquad (1\text{-}8)$$

即载噪比电平比信噪比电平高 6.4dB。在接收机中，检波级以前用载噪比表示，检波级以后可用信噪比表示。

3. 噪声系数

我们知道，在放大器的输入端输入一个信号时，信号源的噪声必然和信号同时进入放大器，输入信号和输入噪声在放大器中得到了同样的放大。若放大器是理想无噪声的，则输出端信噪比和输入端信噪比是相同的。但是，放大器是有源器件，本身也是一个噪声源，在放大信号和噪声的同时，还会产生新的噪声叠加在原来的噪声上。因此，输出端信噪比必然比输入端信噪比低。为了衡量放大器的噪声指标，采用了噪声系数这样一个参数，其定义为四端网络的输入端信噪比与其输出端信噪比的比值，用公式表示为

$$NF = \frac{P_{SI}/P_{NI}}{P_{SO}/P_{NO}} \qquad (1\text{-}9)$$

式中，P_{SI} 为四端网络输入端的信号功率；P_{NI} 为四端网络输入端的噪声功率；P_{SO} 为四端网络输出端的信号功率；P_{NO} 为四端网络输出端的噪声功率。

用分贝表示为

$$NF = 10\lg(NF) \qquad (1\text{-}10)$$

在这里，为了使噪声系数有一个确切的定义，输入噪声功率一般规定为信号源的基础热噪声功率，在此定义下，噪声系数完全是一个代表电路内部噪声特性的指标，而与外界噪声和输入信号的大小无关。

由于实际电路内部必然有噪声，输出端信噪比总小于输入端信噪比，因此，$NF > 1$，且 NF 值越大，表示内部噪声越大。

第三节 有线电视系统概述

有线电视系统的基本结构大致可分为四个部分：信号源、射频前端、干线传输系统和用户分配网络。图 1-3 所示是有线电视系统的基本结构框图。

一、信号源

有线电视系统的接收信号源可分为两类：一类是从空间收集的信号；另一类是有线电视台的自办节目信号。

1. 空间收集信号

(1) 广播电视信号 是指当地电视台和电视差转台发射的电视信号，也称开路电视信号，其工作频道都是标准电视频道，即 VHF、UHF 电视信号。开路信号容易受到各种因素的干扰，例如空间电波的干扰、地形的影响、城市中高层建筑的阻挡与反射等等，会产生信号衰落、重影等现象，在接收点较远时（即弱场区），影响的程度会更大。

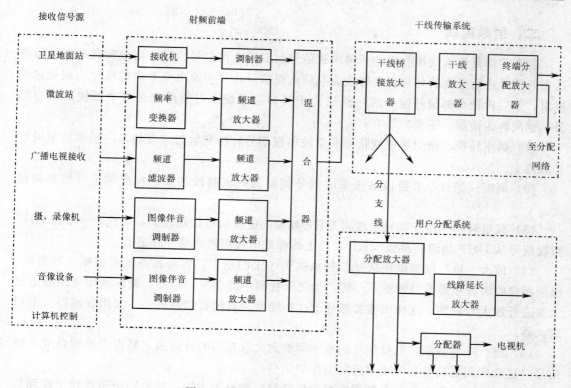

图 1-3 有线电视系统的基本结构框图

（2）卫星电视信号 是指利用人造地球卫星作为中继站来进行转发的电视信号。由于卫星电视信号为调频信号，且大部分时间在大气层以外的宇宙空间中传输，而宇宙空间接近真空状态，不易受到自然条件和人为干扰的影响，因此，传输质量很高（仅在飞机飞过接收方向时，有几秒钟的遮挡），所以信号质量非常好。同时覆盖面积大，频带宽，传输容量大，工作稳定可靠。

（3）微波电视信号 微波电视信号可以是调频电视信号、调幅电视信号和数字电视信号。由于调幅电视信号不存在电视调制制式的转换问题，因此，得到了广泛的应用。微波信号是视距传播，最远只能传输 50～60km，在此范围内传输是很稳定，再远需要利用中继站进行接力传输。微波信号的质量比卫星电视信号差，但比开路电视信号好。

2. 自办节目信号

自办节目是指当地电视台利用摄像机、录像机、影碟机、激光唱机、编辑机、特技机、计算机动画制作系统等各种音像设备制作编辑和播放的节目，它大大增加了用户所能收看到的节目套数。自办节目设备输出的信号为视频信号和音频信号，利用射频前端的调制器将其变为射频电视信号，然后进入传输系统。

信号源部分的主要设备是接收天线，接收天线的性能好坏直接影响着整个系统的收看效果。因此一般采用高性能的单频道天线，并且要根据接收点信号的强弱，周围干扰源的具体情况，在接收天线的输出端安装低噪声天线放大器和滤波器或陷波器，以提高接收信号的质量。

二、射频前端

射频前端是把天线接收来的开路电视信号、卫星电视信号、微波信号和自办节目设备送来的信号进行必要的处理，都转换为射频电视信号，并使输出电平和载噪比达到规定的要求，然后再把全部信号混合成一路送到干线传输系统。射频前端是整个系统的核心部分，也简称为前端。主要功能有：

(1) **频率转换**　把卫星电视信号和微波电视信号转换到射频频段的某一标准频道或增补频道上。

(2) **调制**　把自办节目设备送来的信号调制为射频频段的某一标准频道或增补频道上。

(3) **频道转换**　由于同轴电缆对 UHF 频段的电视信号损耗较大，因此，一般将 UHF 频段信号从 UHF 频道转换到 VHF 频段上的标准电视频道或增补频道上。

(4) **放大**　将各频道电视信号分别放大到一定的电平，以满足系统对信噪比的要求。由于所接收的各频道信号强弱不一样，加之干扰噪声的存在，因此，最好选用专用频道放大器进行放大和调整，这样可滤去部分干扰和噪声。若接收信号很强，需用衰减器，不用放大器。

(5) **混合**　将各频道电视信号的电平调整到大致相同的合适值，经混合器混合成一路信号（包含所用电视节目的多频道宽带射频信号）。

(6) **分配**　将混合后的多频道电视信号经分配器分为多路，然后输出至传输干线和监视器。

以上就是前端的基本功能，规模较大的有线电视系统由于具有一定的节目制作和编辑能力，因此，还有例如增加字幕、特技处理等功能。前端设备主要包括频道放大器、频道转换器、卫星和微波接收设备、自播节目设备、调制器、混合器、分配器等。

三、干线传输系统

干线传输系统是把前端输出的射频电视信号，传输给用户分配系统的一系列传输媒质和传输设备。传输设备主要有各种类型的干线放大器和无源器件。干线系统的传输媒质主要有三类：同轴电缆、光缆和微波。

1. 同轴电缆

同轴电缆是最早使用的传输媒质。由于其对信号有较大的衰减作用，因此，每隔一段距离要加干线放大器，以补偿信号的损耗，放大器会对信号产生非线性失真，从而限制了传输距离，所以同轴电缆现在只用于用户分配系统和小型有线电视系统的干线传输中。

2. 光缆

光导纤维（简称光纤）是近年来新兴的一种传输媒质，它是以光波为载体传送信号的。把若干根光纤绞合成一股，就构成了光缆。光缆对信号的损耗非常小，因此，传输距离远；而且，光纤的通信容量大，不受电磁干扰，抗干扰性强，信号质量好，保真度高。另外，光纤尺寸小，重量轻，便于运输和施工，制造原料在地球上蕴藏丰富，所以得到了广泛的应用，成为当前有线电视系统干线传输的主要手段和发展方向。

3. 微波

微波传输适用于地形复杂（例如跨越河流山脉）、建筑物和街道的分布使得架设光缆困难的地区，这时可以采用微波传输技术实现电视广播覆盖。微波传输还具有投资少、建网时间短、便于维护等特点。

现在大多数有线电视系统采用光缆和同轴电缆混合传输（HFC），其中光缆用于干线传输，一般是星形结构；电缆用于分配系统，一般是树形结构。还有的系统用微波和同轴电缆混合传输，这时在前端输出端设有光发射机和微波发射机，接收端设有光接收机和微波接收机，如图1-4所示。

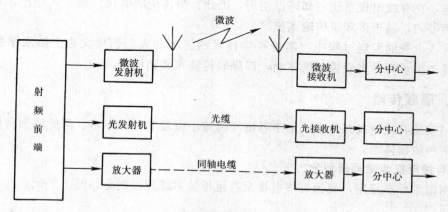

图1-4 大型有线电视系统示意图

四、用户分配网络

用户分配网络是有线电视传输系统的最后部分。如果把整个传输系统形象地比作一棵树的话，那么干线传输系统可看作树干，用户分配网络就好比树枝。当干线至某一居民区时，用分支器分出一条支路送至该居民区的用户分配网络，通过分配网络把信号传送给千千万万台电视机，供用户收看。目前，我国有线电视系统的分配网络都是电缆传输，主要设备包括线路延长放大器、分配放大器、分支器、分配器、分支线以及系统输出口等。

用户终端即用户终端盒和电视机。用户终端盒的输出阻抗一般为75Ω，如果电视机输入阻抗为300Ω，则需用阻抗变换器变换。终端盒和电视机之间的连接最好用同轴电缆。

五、系统规模

系统规模通常是根据用户数量的多少来区分的，具体可见表1-3。

表1-3 系统规模大小分类

系 统 类 别	用 户 数 量	适 用 地 点
A	大于10 000	城市有线电视网
B	2 000~10 000	住宅小区、大型企业生活区
C	300~2 000	城市大楼、城镇生活区
D	小于300	城乡居民住宅、公寓楼

其中，A 类属于大型系统；B 类属于中型系统；C 类属于中小型系统；D 类属于小型系统。随着城市的发展，系统规模将逐渐扩大，用户数量将越来越多，一些超大型系统的用户数量已达数十万。

第四节　有线电视系统的邻频道传输技术

在有线电视系统中，信号传输的信道主要是有线媒质，例如同轴电缆或光缆，而不是像传统的电视广播，通过向空间发射电磁波来传送电视信号。因而在开路传输中不允许使用的频率，在有线电视系统中却可以使用。因此，与传统的电视广播方式相比，有线电视都是宽频带的，属于多频道传输系统。

在有线电视的发展过程中，随着科学技术的进步和人们物质文化生活水平的不断提高，相继产生了两种多频道传输体制，即隔频传输和邻频传输。

一、隔频传输

在早期的有线电视系统中，由于系统规模较小以及节目源不多，因此隔频传输是使用较多的一种传输体制。

1. 有线电视传输频谱划分

根据国家标准规定，我国有线电视全频道传输系统频谱划分如图 1-5 所示。

单位：MHz

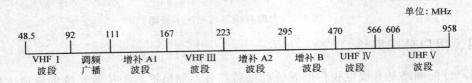

图 1-5　有线电视全频道传输系统频谱划分

以上就是有线电视全频道传输系统频谱划分，所谓全频道传输方式，是指 VHF 和 UHF 两个频段都使用。由图 1-5 可知，标准电视频道共有 68 个：即 VHF Ⅰ 波段（DS-1～DS-5）、VHF Ⅲ 波段（DS-6～DS-12）、UHF Ⅳ 波段（DS-13～DS-24）以及 UHF Ⅴ 波段（DS-25～DS-68），88～108MHz 波段是用于调频广播。而在这些频段的空隙处，即 A1 波段（108～167MHz）、A2 波段（223～295MHz）和 B 波段（295～470MHz），设置了增补频道。所谓增补频道，就是在非电视广播频段设置频道，来传送电视节目，这些频道是供有线电视系统专用的，只能在有线媒质中传输，而不能变成空间电磁波。在 A1、A2 和 B 波段总共设置了 37 个增补频道，即 Z-1～Z-37。而在 566～606MHz 之间还有 40MHz 的宽度，有些地区也进行了开发，如北京的 DS-24 副 1、DS-24 副 2，即 566～574MHz、574～582MHz。具体的频道划分详见附录 A。

2. 隔频传输

所谓隔频传输，是指在所有的标准电视频道中，并不是每个频道都可以被利用，而只能利用其中的某些频道，这些频道之间要有足够的空隙，而不是像使用 DS-1、DS-2、DS-3、…、DS-12 等等这样依次连续地使用电视频道，这种传输方式称为隔频传输。

产生这种情况的原因主要有以下几点：

1）由于电视接收机对相邻频道的抑制能力很差，为防止干扰，在系统中只能间隔频道传输，例如只能使用 DS-1、DS-3、DS-5、…、DS-11 等，或者只能使用 DS-2、DS-4、DS-6、…、DS-12 等频道。

2）不能使用那些不相容的频道，即容易引起相互干扰的频道。比如，不能用镜像频道、系统放大器二次失真互调产物落入的频道、接收机本振信号泄漏产生对其接收机的干扰使相隔±4 的频道等等。

3）UHF 频段频率很高，对系统设备的指标要求很高，同时，由于射频信号在同轴电缆中的损耗与频率的平方根成正比，频率越高，信号损耗就越大，在传输一定的距离以后，会造成高、低端频道存在着很大的电平差，限制了放大器增益的有效发挥，不利于传输。因此，使用 UHF 波段也不合适。

综上所述，在配置好的全频道有线电视系统中，VHF 波段只能使用 6 个频道，UHF 波段只能使用约 10 个频道。

二、邻频传输

随着社会的发展和科学技术的进步，以及人们不断提高的物质文化生活水平，有线电视的邻频传输系统逐渐形成和发展起来，从而在一个有线电视系统中，能够使用的频道数目大大增加，使得能同时传送的电视节目套数也大大增加，满足了人们的要求。因此，在规模较大的系统中，基本都采用邻频传输技术。

所谓邻频传输，是指使用相邻标准电视频道与相邻增补频道进行传输的多频道传输体制。

1. 邻频传输的技术要求

邻频传输对有线电视系统各部分的技术指标提出了更高的要求，主要包括以下几个方面：

1）邻频道干扰抑制好。为防止上下相邻频道的干扰，要求所传输频道的波形要规则，频谱很纯，因此，带外抑制要大于 60dB。

2）通带内信号幅度波动要小。要求在相对于图像载频（-0.75～6）MHz 的范围内，幅度变化≤1dB。

3）图像载波电平和伴音载波电平要可以分别调整，即图像伴音功率比可调。一般 A/V 比应达到-17dB，即伴音载波电平应比图像载波电平低 17dB 以下，才能避免下邻频道的伴音对上邻频道的干扰。

4）各频道的电平差要小。为确保不出现频道之间的干扰，要求相邻频道的电平差≤2dB，任意频道间电平差≤10dB。

5）频率稳定性高。一般都采用晶体振荡器作为本振源。

以上就是邻频传输的基本技术要求，这些要求主要是通过采用符合邻频传输要求的信号处理方式和高性能的设备来实现的。

2. 信号处理方式

中频处理方式是目前有线电视系统主要采用的一种信号处理方法，中频处理方式中信号处理器的结构框图如图 1-6 所示。

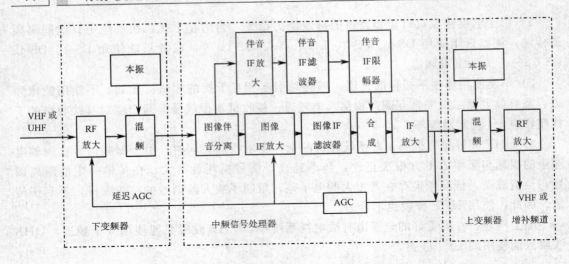

图 1-6   中频处理方式中信号处理器的结构框图

信号处理器一般由三部分组成：下变频器、中频信号处理器和上变频器。信号处理器都采用二次变频方式，首先把接收到的 VHF 和 UHF 频段的射频电视信号通过下变频器转换为固定频率的中频信号，即 38MHz 的图像中频和 31.5MHz 的伴音中频信号；然后送入中频处理器进行相应的处理，使之满足邻频传输的要求；最后再送入上变频器，转换到 VHF 频段的某一标准电视频道或增补频道。由于中频频率较射频频率低，容易调整控制及对信号进行各种处理，因此，采用这种方式即能解决邻频道的信号传输问题，又能得到令人满意的图像质量。目前，一些大型有线电视系统基本上都在采用这种方式。

信号处理器能够符合邻频传输的要求，主要是因为具有以下特点：

1）图像中频信号和伴音中频信号分通道处理。信号处理器的中频部分有图像和伴音分离电路，使伴音载波电平和图像载波电平可以分别调整，即 A/V 比可调。由于下邻频道的伴音载波与上邻频道的图像载波相隔很近，只有 1.5MHz，因此下邻频道的伴音载波是主要干扰源。A/V 比不仅对本频道有影响，同时对上邻频道也有影响。一般伴音载波电平应比图像载波电平低 17dB 以下，才满足邻频传输的要求。

2）中频滤波器均采用声表面波滤波器（SAWF）。声表面波滤波器是利用电、声转换原理制成的一种新型滤波器件，它是整个中频信号处理器中的关键部分。其邻频抑制度很高，带外抑制可达 60dB，这样使相邻频道之间的频谱不相重叠，符合邻频传输要求，一般 LC 滤波器很难实现这一点。此外，它的指标高，可靠性好。但其插入损耗很大，约为几十分贝，因此，前后都应加放大器，以补偿插入损耗。

3）信号处理器中加有 AGC 电路。利用 AGC 电路，来保证输出电平的稳定，从而使各频道之间的电平差很小，满足邻频传输的要求。同时由于 AGC 电路加在射频和中频放大部分，使上变频器的输入电平恒定，易于保证对上变频器部分的非线性状态的控制。

4）信号处理器中的本振均采用晶体振荡器。由于信号处理器对频率稳定性有很高的要求，如在 VHF 频段，图像载波频率与标准值的偏差不超过 20kHz，这就要求所有的本振均应采用晶体振荡器。

由于信号处理器采用了先进的电路设计，使它能够符合邻频传输的要求，其性能是一般频率变换器所无法相比的。因此，目前的有线电视系统前端中，几乎无一例外地都采用了这种方式。

如果输入信号是视频信号和音频信号，例如卫星电视接收机的输出和自办节目设备的输出，这时首先把视频信号和音频信号送入中频调制器，变换成中频信号，然后送入中频信号处理器和上变频器。具体过程如图 1-7 所示。

图 1-7 视频和音频信号的中频处理方式

三、有线电视系统的频率配置

有线电视系统的频率配置方案与无线电视广播系统的配置方案是相互兼容的。由于有线电视系统具有双向传输功能，因此，同时存在上行信号和下行信号。上行（反向）信号是指从用户端流向系统前端的信号，下行（正向）信号是指从系统前端流向用户端的信号，也就是我们所收看到的各种电视节目。上行（反向）通道的频率范围是 5～30MHz，下行（正向）通道的频率范围是 48.5～958MHz，即图 1-5 所示的频谱划分。现在可能的方案见表 1-4。

表 1-4 有线电视系统频率配置

频 段/MHz	传 输 内 容
5～30	上行电话、数据、用户点播节目指令
30～48	保护段
48～550	下行模拟电视、下行调频广播
550～650	下行数字压缩电视
650～750	下行电话和数据
750～1 000	未来的双向业务

小 结

1. 各种无线电设备都是利用空间电磁波来进行传输的，在广播电视系统中，电磁波是水平极化波，因此，接收天线应水平架设。在有线电视系统中，一些物理量（例如电功率、电压和电流）经常用分贝来表示它们的大小，称为电平；按照所选基准值的不同，可分为相对电平和绝对电平。信噪比、载噪比和噪声系数是用来描述信号质量的好坏以及器件内部噪声特性的常用参数。

2. 有线电视系统最早起源于共用天线系统。当今的有线电视系统已经融合了微波传输技术、卫星通信技术和光纤传输技术等多项科技最新成果，成为 21 世纪电视广播的主要传输手段。有线电视网、电信网和计算机数据网的"三网合一"是今后信息社会的发展方向。

3. 有线电视系统主要由信号源、前端、干线传输系统、用户分配网络和用户终端五部分构成。

4. 为了增加传输节目的套数，现在的有线电视系统大都采用了邻频传输技术。采用中频信号处理方式和高质量的设备是满足邻频传输要求的主要途径。增补频道是为了增加节目套数，降低信号衰减，而利用非标准电视广播频段来进行电视信号传输。

思　考　题

1-1　有线电视的起源和发展方向是什么？

1-2　什么是电磁波的极化？在电视广播系统中，电视信号是什么极化方式？

1-3　什么是相对电平？什么是绝对电平？两者的含义有什么不同？

1-4　有线电视系统的基本组成是什么？其中射频前端包含哪几个部分？

1-5　有线电视系统的主要传输媒介是什么？其特点有哪些？

1-6　什么是邻频传输？什么是增补频道？邻频传输的主要技术要求有哪些？

1-7　信号的中频处理方式有哪些主要特点？为什么要采用中频处理方式？

第二章　广播电视接收

第一节　广播电视接收系统的基本组成

广播电视是指当地电视发射台或电视差转台发射的电视节目，是有线电视系统的节目源之一，也称为开路电视。开路电视是通过空间电磁波传送到接收点的，因此，它们的工作频道都是标准电视频道，即 VHF 和 UHF 电视信号。

开路电视接收的基本组成框图如图 2-1 所示。

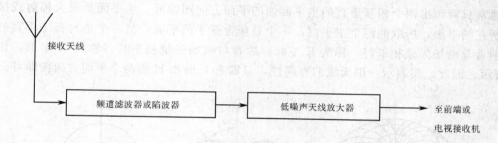

图 2-1　开路电视接收的基本组成框图

为了接收开路电视信号，接收端必须架设电视接收天线，当接收天线受到空间电磁波磁力线的切割时，就会在天线两端感应出信号电压，并转化为高频电流，通过馈线送至系统的前端或直接送给电视接收机。在此应注意一点，由于电视信号的发送通常采用水平极化波，因此，接收天线应水平安装。如果垂直放置接收天线，则收到的信号很弱。

如果接收环境中空间干扰波很多，则可以在天线后面接入频道滤波器或陷波器。频道滤波器用于分离出所需频道的电视信号以及滤除带外杂波和干扰，若周围空间中有某一频率的干扰波特别强，则可以使用陷波器来把它吸收掉。

如果接收天线感应出的信号较弱，则可以加入低噪声天线放大器，把信号放大后再送入前端。

第二节　广播电视接收天线及馈线

接收天线是电视信号进入有线电视系统的大门，它将空间接收到的电磁波转换为高频电流或电压，送入前端进行处理，然后通过传输系统送至用户端。因此，接收天线性能的好坏直接关系到整个有线电视系统的收视效果。所以，在设计和安装有线电视系统时，应重视接收天线的选用、安装和调试等问题。

由于广播电视接收常采用由半波折合振子等组成的引向天线，所以，这里以引向天线为主讲述天线的基本理论。

一、接收天线的技术参数

1. 输入阻抗

天线与馈线相连的两个端点称为天线的输入端，通常是在天线的中心处。所谓天线输入阻抗，是指加在天线输入端的高频电压与输入端电流之比。天线输入阻抗具有电阻及电抗两部分，即

$$Z_A = R_A + jX_A$$

式中，R_A 为输入电阻；X_A 为输入电抗。

2. 方向性和方向性图

天线的方向性是天线最重要的参数。对于接收天线来说，是指天线接收不同方向传来的信号电波所具有的能力。当需要天线定向辐射或定向接收时，要求天线具有较强的方向性。方向性图是表示天线辐射或接收能量强弱在空间分布状况的图形，由于天线的辐射或接收作用分布于整个空间，因而天线的方向性图是一个三维空间的分布图形。为了便于描绘，通常只需画出两个相互垂直的主平面内的平面方向图即可。主平面是最大辐射或接收方向所在的平面，所取的两个主平面，一个是包含振子的平面，另一个是与振子垂直的平面。前者与电场矢量相平行，称为 E 平面；后者与磁场矢量相平行，称为 H 平面，如图2-2 所示。因此，要表示一副天线的方向性，只需有 E 面和 H 面两个平面方向图即可。

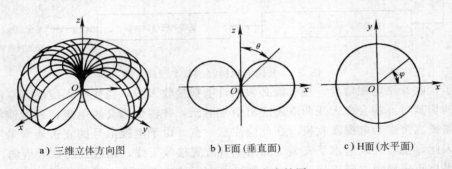

a）三维立体方向图　　　b）E面（垂直面）　　　c）H面（水平面）

图 2-2　基本电振子的方向性图

3. 主瓣宽度和前后比

由于电磁波在空间的分布呈立体花瓣状，天线方向性图又叫天线波瓣图。同样，主平面内的方向图也呈波瓣状，最大辐射或接收方向的波瓣称为主瓣，与最大辐射或接收方向相反的波瓣称为后瓣，其余方向的波瓣称为副瓣或者旁瓣，如图 2-3 所示。

主瓣集中了天线辐射或接收功率的主要部分。主瓣的宽度对天线方向性的强弱具有最直接的影响，主瓣宽度越窄，主瓣越尖锐，表明天线的方向性越强；旁瓣电平和后瓣电平越小越好，越小说明天线排除干扰能力越强。主瓣的尖锐程度可用主瓣宽度来表示，在图 2-3 所示的方向图上，通过主瓣半功率角（即场强下降到最大值的 0.707 处）的两条向径之间的夹角叫做主瓣宽度。主瓣电平与后瓣电平之比叫做前

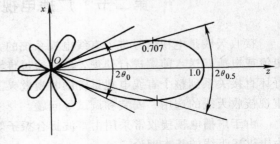

图 2-3　天线波瓣图

后比，以分贝表示。前后比越大，说明天线排除从后面方向来的干扰能力越强。

4. 天线的频带宽度

天线的频带宽度是一个频率范围，在这个范围内，天线的某个或某些特性指标要满足一定的要求标准。频带宽度与天线的结构尺寸及接收频段有关，通常振子的直径越大，通频带越宽，但若太大则笨重，因此需要综合考虑。对于单频道天线，一般要满足 8MHz 带宽。

5. 天线系统的电压驻波比

天线系统包括天线本身、馈线、阻抗变换器、功率分配器和各种接插件等，它们之间阻抗匹配的好坏决定了电能的传输效率，只有达到阻抗匹配，才能减少反射，使信号能够有效地传输。通常用电压驻波比来表示天线系统的匹配程度。

电压驻波比是指天线中产生驻波时的最大电压与最小电压之比。当阻抗匹配时电压驻波比 VSWR＝1，这时信号能够 100％ 传输；当阻抗不匹配时电压驻波比 VSWR＞1，信号不能完全传输，且此数值越大，传输效率越低。

二、常用天线的基本形式

实用的开路电视接收天线是由半波折合振子等组成的引向天线。半波折合振子又是由半波振子演变而来的。

1. 半波振子

半波振子通常用金属导体（铜管、铝管或铁管）做成，两臂分别用绝缘材料固定在横杆上，其总长度等于接收频道中心波长 λ 的一半，高频电视信号从中心处馈入，如图 2-4 所示。

半波振子天线的特性主要有以下几点：

1）半波振子的输入阻抗为复阻抗，等于（73.13＋j42.25）Ω，如振子长度缩短 3％～5％，可消除电抗部分而成为纯电阻，近似等于 73Ω。

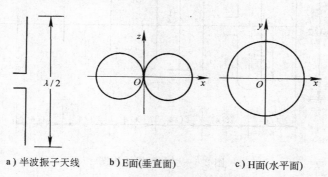

a）半波振子天线　　b）E面（垂直面）　　c）H面（水平面）

图 2-4　半波振子天线的结构及方向图

2）从图 2-4 的方向图可知，水平面是全向接收，垂直面则呈现∞字形，即半波振子天线的前方和后方都可以接收，具有双向接收能力。

3）半波振子的频率特性取决于金属导体直径，通常直径越大，频带越宽。

2. 半波折合振子

半波折合振子是由一根两端弯过来的金属管子构成，其总长度仍为接收频道中心波长

λ 的一半，两管之间的间距取（0.02～0.03）λ，一般约为 30～100mm。开口长度 VHF 波段取 30～50mm，UHF 波段取 20mm 左右。半波折合振子天线不仅是天线的一种基本形式，也是构成多单元天线（引向天线）的核心，如图 2-5 所示。

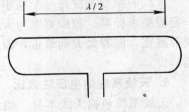

图 2-5　半波折合振子结构

半波折合振子的特性主要有以下几点：

1）输入阻抗为纯电阻，约等于 300Ω。

2）半波折合振子天线的前方和后方具有相同的接收能力。其方向图与半波振子天线相似。

3）频带比相同直径的半波振子天线稍宽。

4）半波折合振子天线中那根没断开的管子的中点是零点位，因此，在架设时可以直接把这点固定在任何支杆上（包括金属杆），而不需要使用绝缘材料。天线两端的弯曲半径是任意的，甚至可以是直角形。

3. 引向天线

半波振子和半波折合振子的方向性都不够理想，天线的前方和后方具有相同的接收能力，反射波影响较大，同时天线的波瓣太宽，增益很小。因此，实用中更多采用的是具有单向接收能力、抗干扰性能好、高增益的引向天线，也称为定向天线或者八木天线。

引向天线属于多单元天线，通常是在一个半波折合振子的前面加上若干个引向器，后面加上一个反射器。其中，半波折合振子与馈电系统直接连接，称为有源振子；引向器和反射器均不与馈电系统和有源振子发生直接的连接，称为无源振子。所有振子（也称单元）都平行放置，由天线横杆固定在同一个平面内，如图 2-6 所示。

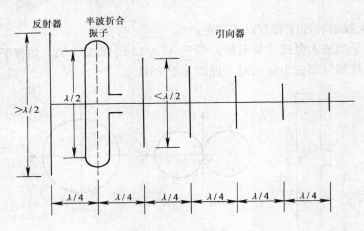

图 2-6　引向天线结构图

引向天线中各组成单元的作用如下：

1）半波折合振子是引向天线的核心，它是有源振子，直接与馈线连接，把接收到的空间电磁波转换成高频电流并通过馈线送至系统前端。

2）反射器是无源振子，它的长度比有源振子稍长 5%～15%，间距为 λ/4。反射器可以反射从天线后方传来的电磁波，抑制天线后方的接收能力，增加天线的前后比，提高了方向性。

3）引向器也是无源振子，它的长度比有源振子短 5%～10%，引向器与有源振子间的距离或引向器之间的间距都为 $\lambda/4$。引向器可以引导从天线前方传来的电磁波，加强天线前方的接收能力，使天线的方向性更强，主瓣更尖锐，提高天线的增益。

总之，采用多单元的引向天线，可使天线后方的电磁波减弱而从前方传来的电磁波加强，保证天线接收的单向性，提高了前后比，方向性更强，增益更高。

实践证明，多加几个反射器，对提高天线增益收效甚微，因此通常只有一个反射器。但是，多加几个引向器，天线增益却可以显著提高，但引向器数目也不能过量增多，否则不仅对天线增益的增加并无太大作用，反而会使天线的通频带变窄，输入阻抗减小，架设困难，一般 VHF 波段引向器数目不要超过 10 个，UHF 波段不要超过 20 个。

引向天线的有源振子除了采用半波折合振子以外，还有复合振子、扇形振子等其他形式，如图 2-7、图 2-8 所示。

为了增加反射器的反射面积，提高天线的前后比，反射器还可采用由多根金属棒组成的"王"字形和角形反射器，如图 2-9 所示。角形反射器由于尺寸的限制，通常只用在 UHF 波段。

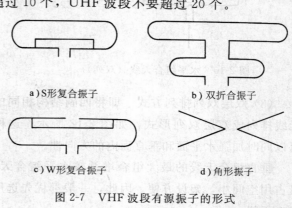

a) S形复合振子　　b) 双折合振子

c) W形复合振子　　d) 角形振子

图 2-7　VHF 波段有源振子的形式

a) 羊角形半波振子　　b) 扇形振子

图 2-8　UHF 波段有源振子的形式

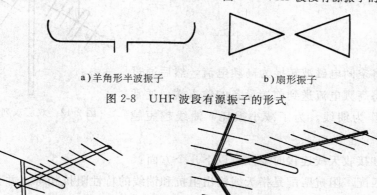

a) 王字形反射器引向天线　　b) 角形反射器引向天线

图 2-9　反射器的其他形式

4. 组合天线

在弱场强区接收开路电视信号，即使采用引向天线，可能得到的增益和方向性仍不足，这时可以将若干副引向天线按一定的规律排列起来，构成一个天线阵列系统，该系统称为组合天线或天线阵。

组合天线的构成方式主要有三种：

（1）水平排列方式　即将几副结构相同的引向天线按相等的间隔排列在同一水平面内，如图 2-10 所示。水平排列的组合天线只能加强水平面内的方向性。

（2）垂直排列方式　即将几副结构相同的引向天线按相等的间隔排列在同一垂直线

上，如图 2-11 所示。垂直排列的组合天线只能加强垂直面内的方向性。

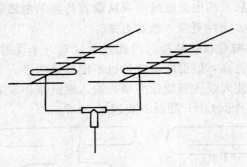

图 2-10　水平组合天线（双列）

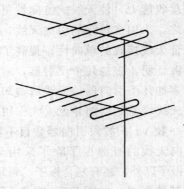

图 2-11　垂直组合天线（双层）

（3）双层双列排列方式　即将四副结构相同的引向天线排列成双层双列形式，如图 2-12 所示。这种方式可以同时加强水平面和垂直面内的方向性。

垂直组合天线的最大组合增益较水平组合天线高，且占用空间小，架设方便。因此，一般都优先选用垂直组合天线。

三、馈线

接收天线将空间电磁波转换为高频电流，然后通过相连接的馈线将高频电流送到前端设备的输入端，通常使用同轴电缆作为馈线。为了减小损耗，馈线越短越好。

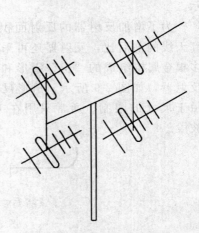

图 2-12　双层双列组合天线

同轴电缆和接收天线连接时要注意以下几个方面：

（1）阻抗匹配　阻抗匹配是指天线输出阻抗和馈线的特性阻抗相等，并且馈线的特性阻抗和前端设备的输入阻抗相等，这时由天线送来的信号能量能够完全到达前端。同轴电缆的特性阻抗是 75Ω，引向天线中有源振子通常是半波折合振子，输出阻抗是 300Ω。因此，同轴电缆和天线连接时，要加阻抗变换器，实现 75Ω 和 300Ω 之间的变换。

（2）平衡-不平衡变换　馈线还具有平衡或不平衡特性，如果馈线的两根金属导体对地来说是对称的，就称为平衡式馈线；若对地来说是不对称的，则称为不平衡式馈线。同轴电缆属于不平衡式馈线，而大部分电视接收天线对地来说是对称的，属于平衡式。因此，同轴电缆和天线连接时必须加上平衡-不平衡变换器，否则若直接相连，会破坏天线的平衡性，使天线的方向图发生改变，抗干扰性也会降低。常用的变换器种类很多，如套筒式变换器、开槽式变换器和 U 形弯管变换器等。U 形弯管变换器既有平衡-不平衡变换作用，又有 75Ω 变换到 300Ω 的阻抗变换作用。

四、天线的分类

实用中通常按照频带宽度把开路电视接收天线分为单频道天线和宽频带天线两类。单频道天线只能接收 1 个频道，工作带宽为 8MHz，如 2 频道天线、9 频道天线等；宽频带天线能同时接收多个频道，工作带宽包含几个频道甚至几十个频道，如 1～5 频道的 V_I 波段天线、6～12 频道的 V_{III} 波段天线、13～24 频道的 U 波段天线等。

选用单频道天线接收效果较好，容易把技术指标做得很高，也容易调整，但接收几套节目就需要几套天线，造价较高，适用于大、中型系统；选用宽频带天线可减少天线的数量，降低费用，但接收效果较差，适用于小型系统。

第三节　广播电视接收的其他设备

广播电视接收的其他设备主要包括天线放大器、频道滤波器和陷波器等。

一、天线放大器

在远离电视发射台及开路电视信号较弱的边远地区，需要在天线的输出端加上一个低噪声放大器，放大接收到的微弱电视信号，以提高信号电平，改善信噪比。

按照工作频带区分，天线放大器可分为宽带天线放大器和单频道天线放大器两类。一般要求与天线类型配合使用，单频道天线使用单频道天线放大器，宽频带天线使用宽带天线放大器。宽带天线放大器的抗干扰性较差，所有的空间信号甚至强干扰信号都可以进入天线放大器，这在邻频传输系统中是不能采用的。因此，在有线电视系统中运用较广泛的是单频道天线放大器。

天线放大器具有不同于系统中其他放大器的技术要求，主要包括：

1) 天线放大器是系统接收开路电视信号的第 1 级放大器，它的噪声性能对整个系统的信噪比影响最大。因此，噪声系数应很低，大约 3dB 左右。

2) 天线放大器应有足够的增益，以保证信噪比。

3) 天线放大器的幅频特性要足够好。

4) 天线放大器通常安装在室外，要求其能够经受风吹、日晒和雨淋等自然气候，应具有防水功能。

5) 天线放大器具有单独的供电器。通常由室内电源供电，通过同轴电缆送至放大器，同时也通过同轴电缆传送接收到的电视信号，因此在这段同轴电缆两头要有隔直电路。单频道天线放大器的组成如图 2-13 所示。

天线放大器通常安装在室外天线杆上，天线振子下面 1m 左右的位置，这样可以缩短接收天线到天线放大器之间的馈线长度以减少损耗，提高载噪比。

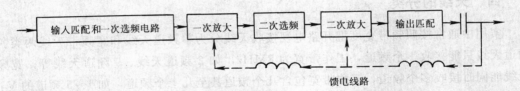

图 2-13　单频道天线放大器的组成框图

二、频道滤波器

当接收环境中邻频干扰与杂波干扰较严重时，往往在天线输出端加装一个对应接收频道（或频段）的滤波器，这样可以最大限度地滤除该频道（或频段）以外的干扰信号，同时能让该频道的电视信号最大限度地通过。在系统中应用最多的是只能通过一个频道的带通滤波器，带宽为 8MHz，称为频道滤波器。

频道滤波器的种类很多，有线电视系统中普遍使用的是 LC 带通滤波器和螺旋滤波器。

LC 滤波器由电感、电容组成，电路简单，成本低，性能稳定，但插入损耗大，调整难以控制，仅适用于 100MHz 以下的频率，包括 1～5 频道和调频广播。LC 滤波器的电路结构如图 2-14 所示。

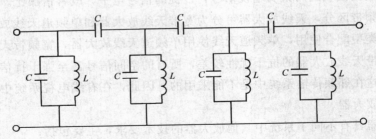

图 2-14　LC 滤波器的电路结构图

螺旋滤波器的插入损耗小，滤波电路常采用螺旋谐振器的形式，可获得较高的选择性，性能优于 LC 滤波器，适用于 100～800MHz 之间。如图 2-15 所示，螺旋滤波器的节数越多性能越好，螺钉用于频率和耦合度的微调，调整好以后，应加上锁紧装置，以防止螺钉松动。

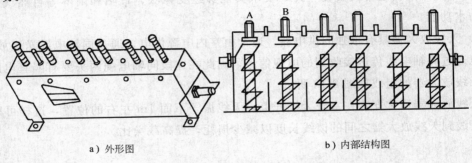

a）外形图　　　　　　　　　　　　b）内部结构图

图 2-15　螺旋滤波器

三、陷波器

当接收环境中有某一频率的干扰信号特别强，或者有某一个我们不需要的频道特别强，这时可在天线输出端接一个陷波器，来吸收掉某一频率处的干扰信号或某一个不需要的频道电视信号。

陷波器也称为带阻滤波器，要求其陷波程度很深，陷波器的电路结构和频率特性如图 2-16 所示。

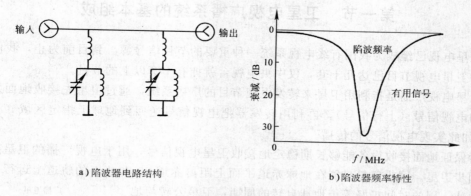

a）陷波器电路结构　　　　　　　　　　　　b）陷波器频率特性

图 2-16　陷波器的电路结构和频率特性

小　结

1. 开路电视信号是指当地电视台或电视差转台发射的射频电视信号，都是标准电视频道信号，即 VHF、UHF 频段电视信号。

2. 开路电视接收设备主要包括接收天线、天线放大器和频道滤波器等。实用的接收天线是由半波折合振子为核心组成的引向天线，通过在有源振子的前面加上引向器，后面加上反射器，从而使接收天线具有单向接收的特性，且方向性更强。

3. 根据接收点环境的具体情况，可在接收天线的输出端接入天线放大器或者频道滤波器，提高信号电平，抑制带外干扰，从而提高信号的载噪比。

思　考　题

2-1　什么是开路电视?

2-2　引向天线由哪几部分构成？各部分的名称、结构以及作用是什么?

2-3　天线放大器具有哪些不同于其他放大器的特点?

2-4　频道滤波器和陷波器的作用有什么区别?

第三章 卫星电视接收

第一节 卫星电视广播系统的基本组成

卫星电视已经成为我国有线电视系统一种重要的节目信号源。到目前为止，我们能收看到的卫星电视节目已达几十套，仅中央电视台就拥有十套以上的节目。

卫星电视广播是指利用卫星来转发电视节目的广播系统，通过卫星先接收地面发射站送出的电视信号（上行信号），再利用转发器把电视信号送回到地球上指定区域（下行信号），如此实现电视信号的传播。

为保证地面接收设备能够长期稳定地接收卫星电视信号，用于电视广播的卫星必须是地球同步卫星。同步卫星只能在地球赤道平面上距离赤道 35 800km 的轨道上运行。该卫星绕地球一周的时间正好等于地球自转的周期，卫星公转与地球自转便达到同步。这时，从地球上看，同步卫星就像是在空中永远静止不动的，故也称为"静止卫星"。这样，在地面接收点只需将接收天线对准卫星即可，而不用再经常调整天线的方向。从理论上说，用三个间隔为 120° 的同步卫星，等距离地设置在赤道上空，就可以覆盖地球上除南北极以外的所有地区，实现全球通信，如图 3-1 所示。

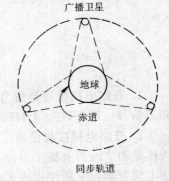

图 3-1 利用同步卫星实现全球通信示意图

一、卫星电视广播系统的组成

卫星电视广播系统由上行发射站、电视广播卫星、地球测控站、地球接收站等几部分组成，如图 3-2 所示。

（1）上行发射站 其主要任务是将电视制作中心送来的电

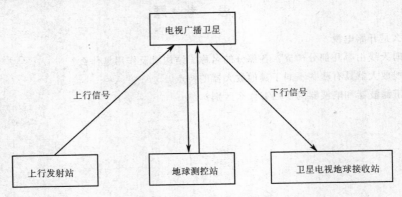

图 3-2 卫星电视广播系统组成框图

视信号经处理后发射给卫星，同时接收卫星发回的信号，以监测信号发射质量并控制上行站天线指向。

（2）电视广播卫星　卫星是整个系统的核心，要求其公转一周时间与地球自转周期严格地保持同步，这样卫星相对于地面才是静止的，同时卫星还要保持正确的姿态。卫星的星载设备包括天线、太阳能电源、电视转发器和控制系统等。其中转发器是卫星电视广播的重要设备，主要作用是把接收到的上行电视信号经放大、变频后向地面接收站转发，即下行信号，其原理框图如图3-3所示。

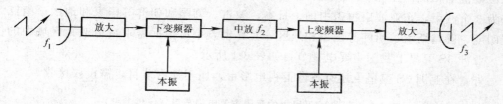

图 3-3　星载转发器的原理框图

（3）地球测控站　测控站的主要任务是使卫星在轨道上正常工作，随时了解卫星在轨道上的工作情况，必要时向卫星发出遥控指令，调整卫星的姿态和工作状态。

（4）地球接收站　包括个体接收和集体接收等，构成一个广大的接收网。主要接收设备有卫星接收天线、高频头、卫星电视接收机等。

目前世界各国的卫星电视广播系统普遍采用 C 波段（3.7～4.2GHz）和 Ku 波段（11.7～12.75GHz）。其中，C 波段中，上行信号频率在 6GHz 左右，下行信号频率在 4GHz 左右；Ku 波段中，上行信号频率在 14GHz 左右，下行信号频率在 12GHz 左右。卫星电视发展的一个主要方向就是逐渐从 C 波段向 Ku 波段过渡。

二、卫星电视广播的优点

（1）覆盖面积大　卫星电视广播的覆盖面积很大，从理论上讲，只需三颗间隔为 120° 的同步卫星就可以覆盖全球。我国幅员辽阔，但也只需一颗位置合适的同步卫星，就可以覆盖我国全部领土。

（2）图像质量好　卫星电视广播中的电磁波穿越大气层直接进入卫星接收天线，传输环节少，引入的干扰就少；而且地面接收站在接收卫星电视信号时，天线仰角较大，基本上不存在反射波，这样就可以消除重影现象；同时卫星电视信号的工作频率高，所受的工业干扰、天电干扰比其他地面传播方式要小得多。因此，卫星信号信噪比高，图像质量好。

（3）电磁波能量利用率高　一般的地面传播方式浪费了大量电磁波能量，而且服务区内的场强分布很不均匀，中心处的场强大大超过了接收机的需要，而在远离中心处的场强往往很弱。卫星电视广播则不同，卫星发出的电波波束都是指向地面的，而且比较均匀地辐射到整个服务区内，中心处与边沿处的场强仅相差 3～4dB。此外，卫星电视广播的传输频道数目也大为增加。

三、我国卫星电视广播现状

我国从 1985 年开始进行卫星电视广播，截止到 2007 年我国主要收看的卫星电视节目来自亚洲 3S 和亚太 6 号卫星（由于卫星节目参数更新较快，本书无法保证卫星节目参数正确，读者可上网查询）。

（1）亚洲 3S 卫星 1999 年 3 月 21 日，亚洲卫星的第三颗卫星——亚洲 3S 卫星成功发射并于 5 月 8 日替代亚洲一号卫星，在东经 105.5°的轨道位置上投入运行，载有 28 个 36MHz 带宽的 C 波段转发器和 16 个 54MHz 带宽的 Ku 波段转发器。亚洲 3S 卫星的 C 波段转发器配备带线性器的 55W 行波管放大器，其波束覆盖范围与亚洲二号卫星的 C 波段波束覆盖范围相似。亚洲 3S 卫星的 Ku 波段转发器配备带线性器的 140W 行波管放大器，共分为 3 个波束，东亚波束覆盖中国、日本、蒙古、韩国和朝鲜等国家和地区；南亚波束覆盖印度、巴基斯坦、伊朗等国家和地区，其移动波束可根据需求覆盖亚太区域中的任何地区。亚洲 3S 卫星上我国主要电视节目如表 3-1 所示。

另外，在亚洲 3S 卫星上还有香港卫视电影台，属于加密节目，需授权接收。

表 3-1　亚洲 3S 卫星上的我国主要电视节目（仅供参考）

频道	频道名称	接收参数			VPID（图像加密识别参数）	APID（伴音加密识别参数）
		下行频率/MHz	极化方式	符号率/（kbit/s）		
1	河南卫视	4166	垂直	4420	160	80
2	福建东南	4180	垂直	4420	160	80
3	江西卫视	4187	垂直	4420	160	80
4	辽宁卫视	4194	垂直	4420	255	256
5	广西卫视	3806	垂直	4420	255	256
6	陕西卫视	3813	垂直	4420	160	80
7	安徽卫视	3820	垂直	4420	255	256
8	江苏卫视	3827	垂直	4420	308	256
9	黑龙江卫视	3834	垂直	4420	1110	1211
10	湖南卫视	4082	水平	4420	160	80
11	湖北卫视	4035	水平	4420	32	33
12	四川卫视	4051	水平	4420	308	256
13	吉林卫视	3672	垂直	8932	111	112
14	山东卫视	3895	垂直	6813	32	33
15	天津卫视	4046	垂直	5949	32	44
16	北京卫视	4055	垂直	4760	308	256
17	山西卫视	4074	垂直	5949	160	80
18	中央教育-1	3640	水平	27500	41	42
19	CCTV-1	3904	垂直	4420	512	650
20	CCTV-4	4132	水平	9375	1160	1120
21	阳光卫视	4095	水平	5555	160	80
22	凤凰卫视	4001	水平	26850	517	660
23	凤凰资讯	4000	水平	26850	521	676
24	星空卫视	4002	水平	26850	514	648
25	Channel V	4003	水平	26850	515	652

（2）亚太 6 号卫星 亚太 6 号卫星位于东经 134°，载有 38 个 C 频段和 12 个 Ku 频段转发器。此卫星的 C 波段波束覆盖了亚太地区的广大区域：包括中国、印度、东南亚、澳大利亚、新西兰、太平洋群岛以及夏威夷群岛，并有超过 13 年的服务寿命。此外，亚太 6 号卫星也是中国第一枚具备防止地面恶意干扰功能的民用卫星。亚太 6 号卫星已于 2005 年 4 月 12 日成功发射，并于 2005 年 6 月 15 日取代了亚太 1A 卫星。亚太 6 号卫星上我国电视节目如表 3-2 所示。

表 3-2　亚太 6 号卫星上的我国电视节目（仅供参考）

频道	频道名称	接收参数			VPID（图像加密识别参数）	APID（伴音加密识别参数）
		下行频率/MHz	极化方式	符号率/（kbit/s）		
1	内蒙古卫视	3758	水平	8400	511	512
2	福建东南	4180	垂直	4420	160	80
3	江西卫视	4187	垂直	4420	160	80
4	辽宁卫视	4194	垂直	4420	255	256
5	广西卫视	3806	垂直	4420	255	256
6	陕西卫视	3813	垂直	4420	160	80
7	安徽卫视	3820	垂直	4420	255	256
8	江苏卫视	3827	垂直	4420	308	256
9	黑龙江卫视	3834	垂直	4420	1110	1211
10	湖南卫视	4082	水平	4420	160	80
11	湖北卫视	4035	水平	4420	32	33
12	四川卫视	4051	水平	4420	308	256
13	吉林卫视	3672	垂直	8932	111	112
14	山东卫视	3895	垂直	6813	32	33
15	天津卫视	4046	垂直	5949	32	44
16	北京卫视	4055	垂直	4760	308	256
17	山西卫视	4074	垂直	5949	160	80
18	中央教育-1	3640	水平	27500	41	42
19	CCTV-1	3904	垂直	4420	512	650
20	CCTV-4	4132	水平	9375	1160	1120
21	阳光卫视	4095	水平	5555	160	80
22	凤凰卫视	4001	水平	26850	517	660
23	凤凰资讯	4000	水平	26850	521	676
24	星空卫视	4002	水平	26850	514	648
25	Channel V	4003	水平	26850	515	652

第二节　卫星电视接收系统的组成及其工作原理

在卫星电视广播系统中，我们只重点讨论卫星电视接收系统，其基本组成框图如

图 3-4 所示。

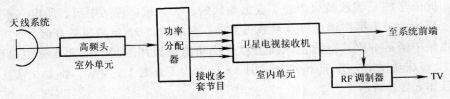

图 3-4　卫星电视接收系统基本组成框图

卫星转发器发射的 C 波段（4GHz 左右）或 Ku 波段（12GHz 左右）信号，首先进入卫星电视接收天线，通常使用抛物面接收天线，把接收到的空间电磁波转换为高频电流信号，然后送入高频头；高频头兼有放大与变频功能，将 C 波段或 Ku 波段信号都下变频为第 1 中频信号，即 0.95～2.15GHz。

第 1 中频信号经 75Ω 同轴电缆送入功率分配器，它可将一路卫星电视第 1 中频信号分成几路信号输出，每一路信号再送入一个卫星电视接收机，这样可实现利用一副卫星接收天线同时接收多套电视节目。

卫星电视接收机的主要功能是将第 1 中频信号进行放大、变频（将第 1 中频信号下变频为第 2 中频信号）和解调等处理，最后输出视频、音频信号送至系统前端，或者送入电视调制器转换为射频电视信号，直接与电视接收机相连接。

一、卫星电视接收天线

卫星电视接收天线有抛物面天线、微带天线阵等形式。实用中，C 波段和 Ku 波段普遍采用抛物面天线。抛物面天线主要由两部分构成：一是尺寸远大于波长的金属抛物面；二是馈源。金属抛物面的作用是反射卫星转发器所传送的微弱的空间电磁波，并聚焦在馈源处。馈源实质上是一种弱方向性天线，安装在抛物面的焦点上，其作用是将聚焦在馈源处的电磁波转换为高频电流信号，然后送至高频头和接收机进一步进行处理。

抛物面天线按结构可分为板状和网状，所用材料通常是铝合金。板状天线可由模具压制成型为整体结构，也可由多瓣拼装而成。板状天线增益较高，应用较多，但抗风性能较差；网状天线抗风能力强，可用在风力较大的地方，价格也较低，但增益比板状天线低。

此外，根据馈源的安装位置，抛物面天线可分为前馈抛物面天线和后馈抛物面天线两种。

1. 前馈抛物面天线

前馈抛物面天线为一次反射型天线，由抛物面形的反射面和馈源组成，馈源位于抛物面的前方焦点 F 处，其基本结构与原理如图 3-5 所示。

抛物面反射面的几何形状，是按特定的抛物线绕轴线旋转而成。卫星转发的空间电磁波（平面波）到达金属反射面，经过一次反射变为球面波并会聚于焦点 F 上，即馈源处，馈源将电磁波转换为高频电流后，传输到下一级设备。

馈源有 C 波段单馈源、Ku 波段单馈源、双极化

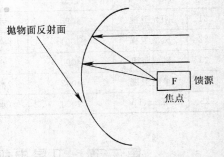

图 3-5　前馈抛物面天线
基本结构与原理

馈源（能同时接收同一卫星转发的水平极化和垂直极化波）、C 和 Ku 波段双馈源（能同时接收同一卫星转发的 C 和 Ku 波段节目）等，图 3-6 为几种馈源的外形图。

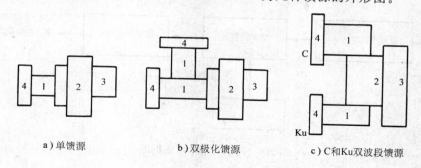

a）单馈源　　　　　　　b）双极化馈源　　　　　　c）C和Ku双波段馈源

图 3-6　常用馈源的外形图

1—法兰盘　2—圆波导　3—波纹盘　4—馈源口径面

　　通常，天线增益与抛物面口径大小，抛物面形的精度以及馈源的性能有关。抛物面的口径越大，则截获会聚电磁波的能力越强，天线增益也就越高。另外，前馈式天线的高频头位于抛物面焦点，因聚焦作用使太阳的照射影响加强，环境温度升高，导致信噪比下降。

2. 后馈抛物面天线

　　后馈抛物面天线为二次反射型天线，又叫卡塞格伦天线，由主反射面、副反射面和馈源组成，其基本结构与原理如图 3-7 所示。

　　后馈抛物面天线具有两个反射面。主反射面仍是抛物面；副反射面则是一个双曲面，用金属杆固定在主反射面上，位于主反射面的焦点和顶点之间。双曲面有两个焦点，F_1（虚焦点）与主反射面的焦点 F 重合，馈源则放在它的另一个焦点 F_2（实焦点）上。

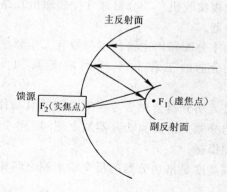

图 3-7　后馈抛物面天线基本结构与原理

　　接收时，电磁波先经由主反射面反射到副反射面，又经副反射面再次反射，会聚于 F_2（实焦点）上，即馈源处。

　　与前馈抛物面天线相比，后馈抛物面天线的效率可提高 $10\% \sim 15\%$，主要用于卫星电视信号很弱的地区或大型有线电视系统中。此外，后馈式的高频头装在主反射面的背后，缩短了馈线长度，减小了传输损耗，还可防止阳光照射；利用短焦距抛物面实现了长焦距抛物面的性能，缩短了天线的纵向尺寸，改善了天线的电性能。

二、高频头

　　通常高频头紧紧连接着馈源，又称为"室外单元"或"低噪声下变频器（LNB）"，其作用是将来自馈源的微弱信号进行低噪声宽带放大，下变频为第 1 中频信号并进行中频放大，最后通过射频电缆送至卫星电视接收机（室内单元），其基本组成框图如图 3-8 所示。

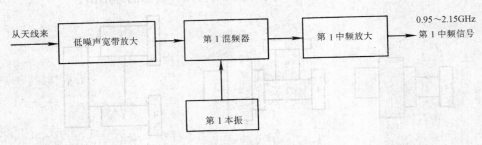

图 3-8　高频头基本组成框图

根据接收波段的不同,高频头可分为 C 波段和 Ku 波段。因此,要依据卫星电视下行信号的频率,选择适合的高频头。

为了减小损耗,高频头通常和馈源紧连在一起,因此位于室外。有的产品将高频头和馈源合成为一个整体,称为一体化馈源高频头,可免除两者之间的连接和调整。

三、功率分配器

功率分配器(简称功分器)可将一路卫星电视第 1 中频输入信号分成几路信号输出,实现了使用一副卫星接收天线同时接收多套节目。需要用功率分配器将每一路输出接一台卫星电视接收机。功分器通常按照输出几路信号称为几功分器,如图 3-4 中的功分器就是四功分器。

功率分配器的主要技术参数有工作频率范围、分配损耗和隔离度等。

功分器的工作频率范围应与高频头输出频率、卫星电视接收机输入频率一致。

接入功分器会对信号产生一定的衰减作用。在接收信号较弱时,可采用有源功分器,有源功分器是由无源功分器加上相同工作频段的放大器组成,其提供的增益可补偿功分器的分配损耗。

隔离度是指功分器的每个输出端之间相互影响的程度,通常要求在 20dB 以上。

四、卫星电视接收机

卫星电视接收机分为模拟式和数字式两种。

1. 卫星模拟电视接收机

模拟电视接收机的主要作用是将来自高频头(或功分器)的第 1 中频信号进行放大、变频(下变频为第 2 中频信号)和解调处理,输出视频、音频信号,送至系统前端,或者送至电视调制器变为射频信号,直接提供给电视机,其组成如图 3-9 所示。

常用的模拟接收机是既能接收 C 波段又能接收 Ku 波段的 C/Ku 兼容卫星电视接收机。一般的卫星电视接收机在同一时间只能输出一套节目,若想同时接收多套节目送至前端,就必须使用多个接收机;有的接收机能同时输出 2~4 套节目,称为多信道卫星电视接收机。

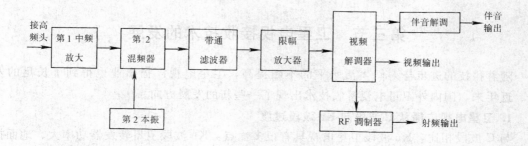

图 3-9 卫星模拟电视接收机组成框图

接收机的输入电平范围为 (-45 ± 15) dBmV，其输出通常有视频、音频和射频信号。视频和音频信号送至前端中的电视调制器，射频信号则送入小型有线电视系统或直接送入电视接收机收看。

卫星电视接收机同时还是高频头的供电电源。接收机内有 $+15\sim+24$V 的直流电源，从接收机输入端高频插座的芯线通过电缆向高频头馈电。

2. 卫星数字压缩电视接收机

由于数字压缩编码技术的发展，从 C 波段向 Ku 波段过渡，从模拟方式向数字方式过渡，是卫星电视的发展方向。

采用数字压缩技术使现有模拟频道带宽内可容纳 5～10 套电视节目，并可安排其他业务，如传输话音、数据等。数字压缩电视还易于加扰，而且安全可靠，有助于付费电视的推广。

接收卫星数字压缩电视必须使用数字压缩卫星电视接收机（又叫综合接收解码器 IRD——Integratd Receiver Decoder）。我国暂定了 IRD 的标准，即《数字压缩卫星接收 IRD 暂行技术要求》。标准规定：信源编码部分符合 MPEG—2；信道解码部分符合 ISO/IEC IS 13 818、ISO/IEC IS 11172、ETS 300 421 DVB—S；压缩码率 2～15Mbit/s 连续可调；图像分辨率 704×576、544×576、480×576、480×288、352×288 可调；输入频率范围 950～2 150MHz 或者 950～1 750MHz，具有频谱倒置控制，同时用于 SCPC 和 MCPC 方式等。

综合接收解码器 IRD 的组成框如图 3-10 所示。

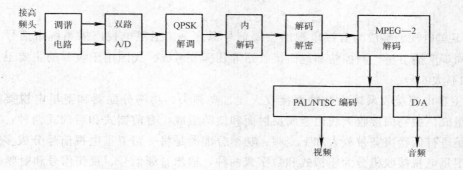

图 3-10 综合接收解码器 IRD 组成框图

第三节 卫星电视接收技术的发展

随着科技的进步与人们生活水平的不断提高，卫星电视广播事业也得到了长足的发展。近年来，国内外卫星电视接收技术出现了一些新的发展方向。

1. 卫星电视广播从 C 波段向 Ku 波段过渡

与 C 波段相比，Ku 波段卫星电视具有很多优点：Ku 波段卫星转发器功率大、地面接收信号强，地面接收天线可以做得很小；Ku 波段频率较高，该频段上地面电信设施少，无线电干扰相对较小；系统功率通量密度不受限制，频段的可用带宽较宽，有利于长远发展。其主要缺点是雨衰较大。

2. 卫星电视广播从模拟电视向数字电视过渡

卫星电视数字化后，传输容量更大，信号质量更好，同时易于加扰，有利于付费电视的发展。卫星电视首先数字化，将促进有线电视、无线电视的数字化。

3. 卫星电视广播既发展集体接收又发展个体接收

个体接收是指用普通的家用电视机，附以小型抛物面天线和转换设备来直接接收卫星电视节目，随着人民生活水平的不断提高与卫星技术和电子器件的迅速发展，为从集体接收向个体接收过渡提供了条件。为了发展个体接收，对卫星技术要求更高，要求卫星的 EIRP（波束中心的等效全向辐射功率）在 60dBW 以上，一般接收天线口径应在 1m 以内。家用卫星电视接收设备要向小型化、廉价方向发展。

4. 卫星接收天线将更多采用多馈源、多波束天线

采用多馈源、多波束接收天线可在一定范围内同时接收到多颗卫星转发的电视节目。

5. 地面接收设备更加先进、智能化

为了更加有效地接收卫星电视信号，一些大的卫星地面接收站配有卫星自动跟踪和多颗星位预置存储的自动控制装置，实现天线方位和仰角的自动控制和自动跟踪卫星；同时，电脑运用于卫星电视接收机，具有高速选台、频率自动调整功能，可对节目自动搜索；高档接收机还具有完善的软件，使其向智能化方向发展。

小　结

1. 卫星电视已经成为有线电视的主要信号源之一。卫星电视广播系统由信号上行发射站、同步广播卫星、测控站和地面接收站等几部分组成。我国用于收看的主要卫星有亚洲 3S 和亚太 6 号。

2. 卫星电视接收系统由抛物面接收天线、高频头、功率分配器和卫星电视接收机等几部分组成。抛物面接收天线由金属反射面和馈源组成，有前馈式和后馈式两种；高频头的作用是进行低噪声宽带放大和下变频；功率分配器是将一路卫星电视信号分成多路信号输出。卫星电视接收机分为模拟式和数字式两种，输出音频信号、视频信号和射频信号。

3. 从 C 波段向 Ku 波段过渡，从模拟电视向数字电视过渡，从集体接收向个体接收过渡，地面接收设备日趋智能化，是卫星电视接收技术的发展方向。

思　考　题

3-1　卫星电视广播系统由哪几部分组成？

3-2　什么是地球同步卫星？

3-3　抛物面接收天线分为哪两种？简述其基本结构与接收原理。

3-4　简述卫星电视接收机的类型、基本结构和主要功能。

3-5　卫星电视接收技术有哪些主要的发展方向？

第四章 有线电视的前端系统

　　有线电视的前端系统（简称前端）是有线电视系统的核心。若有线电视系统采用邻频传输方式，则前端也称为邻频前端，其主要作用是将来自各种信号源的音频、视频和射频信号进行处理（包括频率变换、解调、调制、放大和混合等），使其满足邻频传输的要求，并转换为射频电视信号，最终混合成一路信号输出至电缆干线、光发射机或微波发射机，然后通过干线传输系统（同轴电缆、光缆或微波）和分配网络送至用户端。

　　因此，前端系统设备质量与调试效果的好坏，将直接影响整个有线电视系统图像和伴音的传输质量和收视效果。如果系统前端输出的电视信号质量劣化，则一般难以在后面部分进行补救。

第一节 常用前端设备的基本构成和工作原理

　　前端是整个系统的中枢，它主要包括电视调制器、频道处理器、电视解调器、前端放大器、导频信号发生器以及多路混合器等设备，可根据不同的要求将它们组合在前端机柜里。

一、电视调制器

　　电视调制器的作用是将视频信号和音频信号转换成射频电视信号，如图 4-1 所示。调制器输入的视频和音频信号，通常来自摄像机、录像机、激光唱机、DVD 机等自办节目设备，也可来自解调器、卫星电视接收机和微波接收机解调出来的视频和音频信号。调制器输出的射频电视信号通常送至多路混合器。

　　调制方式的不同，电视调制器可分为直接调制和中频调制两大类。直接调制方式是将视频和音频信号直接调制到所传输的频道载波上，一般用于电气性能要求不高的非邻频传输系

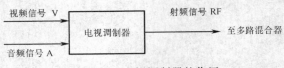

图 4-1 电视调制器的作用

统；而在邻频传输系统中，前端所用的高、中档调制器，通常采用中频调制方式。所谓中频调制方式，是将视频信号调制成频率为 38MHz 的调幅图像中频信号，将音频信号调制成频率为 31.5MHz 的调频伴音中频信号，然后对中频信号进行各种处理，使其满足邻频传输的要求，最后通过上变频器，将中频信号变换为 VHF、UHF 或增补频段任一频道的射频电视信号。即视频和音频信号进行中频调制、中频处理、上变频为射频信号的过程。中频调制方式调制器的基本组成框图如图 4-2 所示。

　　为了满足邻频传输要求，电视调制器都采用了声表面波滤波器和锁相频率合成技术。调制器输出方式有固定频道输出和可变频道输出（捷变频）。

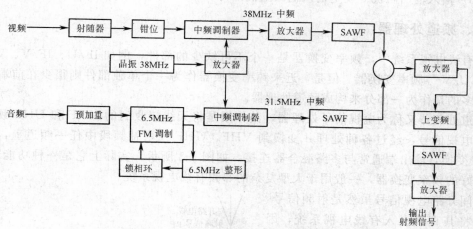

图 4-2 中频调制方式调制器的基本组成框图

中频调制方式调制器的特点和主要技术参数包括：

（1）视频输入信号幅度和极性　规定视频输入信号幅度为 1V（峰-峰值），即视频信号的最大亮度电平与同步头电平之差为 1V，正极性。

（2）音频输入信号幅度　规定为 0dBmW，即 1mW。按输入阻抗 600Ω 计算，为 0.775V。

（3）调制度　调制度表示输出信号中有用信号功率所占比例，规定不低于 87.5%。

（4）频率准确度和频率稳定度　频率准确度是在基准温度（20℃）下器件输出信号载频与标称频率之差，频率稳定度是输出信号频率由于外界因素（温度、电压等）的影响引起偏移与标准条件下频率之差。规定 VHF 频段，频率准确度≤5kHz，频率稳定度≤20kHz。

（5）图像、伴音载频间距　规定为（6500±5）kHz。

（6）图像、伴音带内平坦度　图像电平带内平坦度要求为±1dB，伴音电平带内平坦度要求为±1.5dB（40Hz～10kHz）。

（7）图像、伴音功率比　通常在 10～20dB 之间连续可调。

（8）带外寄生输出抑制　为了避免任何一个频道的杂散输出对其他频道（包括相邻频道）的干扰，要求杂散输出电平比本频道图像载频电平低 60dB 以上，即带外寄生输出抑制≥60dB。

（9）信噪比　视频信噪比≥45dB，音频信噪比≥50dB。

（10）微分增益（DG）　微分增益是视频信号中亮度信号由黑电平变化到白电平时，所引起的彩色副载频的增益变化，规定 DG≤5%。

（11）微分相位（DP）　微分相位是视频信号中亮度信号由黑电平变化到白电平时，所引起的彩色副载频的相位变化，规定 DP≤5°。

（12）色/亮时延差　色/亮时延差是指视频信号中色度信号与亮度信号之间的时延差，规定值≤45ns。

（13）射频输出反射损耗　规定值不小于 12dB（VHF）或不小于 10dB（UHF）。

（14）伴音失真度　规定值≤1%。

（15）60个调制器射频输出混合后，载噪比值应≥60dB。

（16）输入输出阻抗　规定输入输出阻抗都为75Ω。

二、频道处理器

在有线电视系统中，频率变换器是一个不可缺少的部件，例如 IF/U、IF/V、V/IF、U/IF、U/V 等频率变换器。但是，近来频率变换器作为一个单独部件则很少在前端中使用，更多的是作为一部分来构成频道处理器。

频道处理器又称为电视信号处理器，其作用是将天线接收到的 VHF 和 UHF 频段空间开路电视信号，经过各种处理并变换到 VHF、UHF 或增补频段中任一频道上，即射频-射频变换，输出端通常与多路混合器连接，如图4-3所示。实际上它是一种功能更全、性能更好的频率变换器，一般用于大型复杂的邻频有线电视系统。

空间开路电视信号虽然是射频信号，但不能将其直接引入有线电视系统，因为其不能满足邻频传输要求。例如：开路电视的图像伴音功率比 V/A 为 10dB，而邻频传输系统要求 17～20dB；开路电视发射机的邻频抑制大约为 35dB，而邻频传输系统要求 60dB 以上。而且开路电

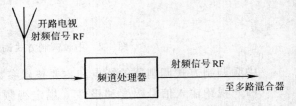

图4-3　频道处理器的作用

视的图像、伴音稳定度不高，因此，开路电视信号必须经过频道处理器处理，才能进入有线电视系统。

邻频系统中的频道处理器都采用中频处理方式，由下变频器、中频处理器和上变频器组成，如图4-4所示。

频道处理器各组成部分的作用和特点如下：

（1）下变频器　即射频/中频（RF/IF）变换器，将开路电视信号变为中频电视信号，图像中频为 38MHz，伴音中频为 31.5MHz。

（2）中频处理器　对中频电视信号进行处理，使其满足邻频传输要求。包括：图像、伴音分通道处理，V/A 功率比可调；采用声表面波滤波器，使邻频抑制达到要求；具有自动增益控制电路，使图像和伴音电平保持稳定；采用晶体振荡器作为本振源，以提高频率变换精度。具体可参见本书第一章第四节内容。

（3）上变频器　即中频/射频（IF/RF）变换器，将中频电视信号变换到某一频道上，可以是 VHF、UHF 或增补频段。

频道处理器的主要技术参数与电视调制器大致相同，可互相参照，如邻频道抑制、带外寄生输出抑制、图像伴音功率比和输入输出阻抗等。

三、电视解调器

电视解调器的作用是将输入的射频电视信号解调为视频和音频信号，与电视调制器的功能恰好相反。其输入信号大多为开路电视信号，输出的视频、音频信号送至电视调制器，配合完成频道处理器的功能，如图4-5所示。

电视解调器的基本组成框图如图4-6所示。

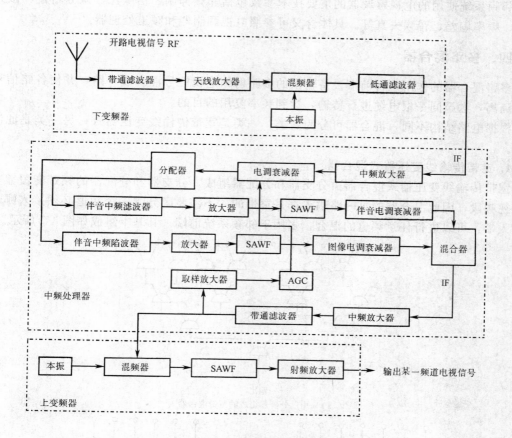

图 4-4　频道处理器组成框图

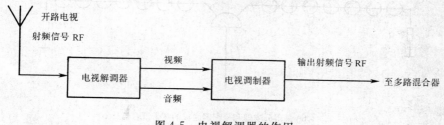

图 4-5　电视解调器的作用

图 4-6　电视解调器的基本组成框图

邻频系统使用的电视解调器的主要技术参数包括邻频抑制、信噪比、微分增益、微分相位、频率偏差、音频失真等。具体含义可参照电视调制器和频道处理器。

四、多路混合器

多路混合器的作用是将前端设备输出的多路射频电视信号混合成一路，并使各路信号相互隔离，送至同一根电缆进行传输，达到频率复用的目的。

根据电路结构不同，混合器可分为两类：一类是宽带传输线变压器式；另一类是滤波器式。

1. 宽带传输线变压器式混合器

宽带传输线变压器式混合器由分支器和分配器组成。分支器和分配器的频带能覆盖整个电视频段，因此混合器的每一路输入都是宽带的，不需要区分哪一个频道必须接入哪一个输入端，可以进行任意频道的混合，多用于邻频系统前端。其基本组成如图4-7所示。

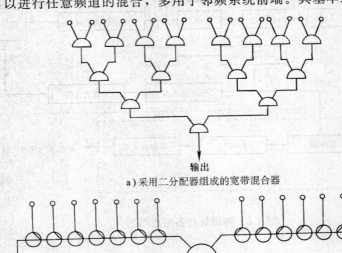

a) 采用二分配器组成的宽带混合器

b) 采用分支器和分配器组成的宽带混合器

图 4-7 宽带式混合器的基本组成

宽带式混合器的主要优点是有较大的隔离度和反射损耗，频道变化时无需调整，生产和使用都较为方便；缺点是插入损耗较大，且频道数越多损耗越大，为了补偿插入损耗，可在无源混合器基础上加装宽带放大器，成为有源混合器。

注意一点，宽带式混合器中的分支器和分配器的输入输出端要互换使用。

2. 滤波器式混合器

根据频率范围，滤波器式混合器可分为频道混合器和频段混合器。频道混合器是将多个频道的射频电视信号混合成一路输出；频段混合器是将多个频段的射频电视信号混合成一路输出，例如 VHF 频段和 UHF 频段电视信号混合器。无论哪种类型，一般都由带通滤波器、高通滤波器和低通滤波器组成，其基本组成如图 4-8 所示。

　　滤波器式混合器的主要优点是插入损耗小，抗干扰性能较强。缺点是调试难度大，必须根据系统具体使用频道分别进行调试，频道如有变化必须重新调试，不适合批量生产；相邻频道隔离度较差，不能用于邻频系统。

3. 混合器的主要技术参数

　　包括插入损耗、相互隔离度、带内平坦度、反射损耗、频率范围、输入路数等参数，具体含义如下：

　　（1）插入损耗　混合器输入功率与输出功率之比，通常用 dB 表示。滤波器式混合器的插入损耗一般为 2～4dB，宽带式混合器的插入损耗较大，且与混合的频道数目有关，8 个频道的约为 11dB，16 个频道的约为 15dB。

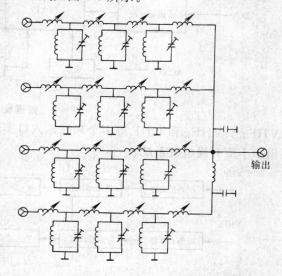

图 4-8　滤波器式混合器的基本组成

　　（2）相互隔离度　衡量输入频道之间相互干扰程度的指标。理想情况下，混合器任一输入端加入信号时，其他输入端不应出现该信号，任一输入端有开路或短路现象时也不应影响其他输入端。但实际中总有一定的影响，在某一输入端加入一信号，该信号电平与其他输入端出现的该信号电平之差，称为相互隔离度，用 dB 表示。一般要大于 20dB，邻频系统最好大于 30dB。

　　（3）带内平坦度　工作频带内的幅频波动，用 dB 表示。滤波器式混合器要求为±1dB，宽带式混合器要求为±2dB。

　　（4）反射损耗　混合器工作频带内输入输出阻抗与规定的 75Ω 匹配的程度。一般要求大于 12dB。

五、前端放大器

　　放大器是前端不可缺少的设备之一。根据放大器放大的频率范围，用于前端的放大器可分为单频道、宽频带和多频段三种。

　　单频道放大器简称为频道放大器，只放大一个频道的电视信号，其工作频率按所放大的具体频道而定。其输入、输出回路均采用带通滤波器，选择性好，抗干扰性能强，噪声系数也可做得较低。通常该放大器的输出经混合器与其他频道的信号混合后送入传输干线，要求有较高的输出电平，一般为 110～120dBμV 左右，故放大器的增益较高。频道放大器都有自动增益控制电路，输入电平可在（70±10）dBμV 之间变化，而输出电平依然保持稳定。其组成框图如图 4-9 所示。

　　宽频带放大器属于宽带放大器，有 VHF、UHF 频段和全频道之分，可放大频段内的任一频道。

　　多频段放大器也是宽带放大器，其主要特点是按频段输入、处理和放大，有 FM、

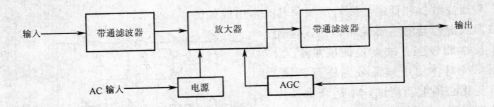

图 4-9 频道放大器组成框图

VHF$_I$、VHF$_{II}$ 和 UHF 等多个频段输入口实现多路混合，其组成框图如图 4-10 所示，多用于小型有线电视系统。

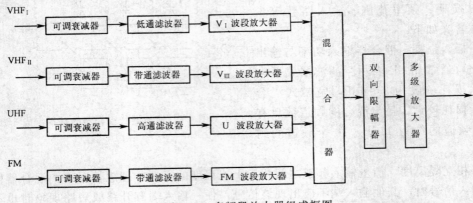

图 4-10 多频段放大器组成框图

六、立体声调频器

立体声调频器的作用是将立体声声源（如激光唱机、录音机等）调制到 88～108MHz 调频频段上，并送入多路混合器，是调频广播和电视兼容传输的主要设备，如图 4-11 所示。

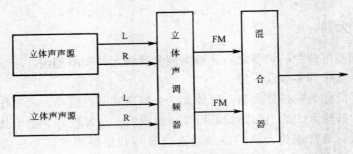

图 4-11 立体声调频器的作用

七、导频信号发生器

导频信号发生器是干线为同轴电缆的大中型邻频有线电视系统所用设备，其作用是为干线传输系统提供实现自动增益控制（AGC）和自动斜率控制（ASC）的基准信号，即导频信号。

导频信号发生器是一个频率和幅度都很稳定的正弦波发生器，其组成框图如图 4-12 所示。

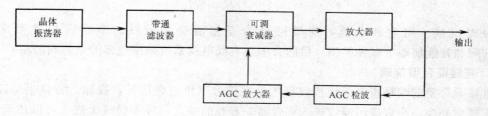

图 4-12　导频信号发生器组成框图

当有线电视系统采用同轴电缆作为干线传输时，随着四季的气温变化，会使同轴电缆的衰减量产生变化。同时，由于干线可能长达几千米，电缆中传输的电视信号的衰减和幅频特性的倾斜都要发生变化。要使信号质量保持不变，则必须在干线放大器中进行自动增益控制和自动斜率控制。对应电缆衰减量的变化来控制放大器的增益，它是自动电平控制的一种方式。由于一般的自动增益控制是以输出信号电平恒定为条件工作的，在干线放大器中，因为所用的信号不是恒定的，这就不能直接把输出信号从放大器中取出来实现自动增益控制。采用了导频信号发生器，就可以将导频信号从前端同电视信号一起送入干线传输系统，通过干线放大器，并在干线放大器的输出端取出一小部分导频信号，经处理后再对放大器增益特性进行自动控制。当导频信号电平降低时，控制信号使放大器的增益提高，反之使放大器增益降低，达到稳定输出电平的目的。

按我国《有线电视广播系统技术规范》中规定，可采用的导频信号有三个：第一导频为 65.75MHz 或 77.25MHz；第二导频为 110.00MHz；第三导频为 288.25MHz 或 296.25MHz。一般第一导频和第三导频为双导频信号频率，第二导频为单导频信号频率。

为了使自动电平控制和自动斜率控制同时进行工作，一般采用两种方式：

1）用单导频信号进行自动电平控制，再用减温器（如热敏电阻减温器）来控制斜率。

2）采用双导频信号，一个控制增益，另一个控制斜率。

对于 5km 左右干线传输距离的有线电视系统可以采用单导频信号发生器，控制干线电平变化值；而对近距离的小型有线电视系统，可以不用导频信号发生器。

导频信号发生器提供基准信号，因此对其输出频率和电平的稳定性有严格要求，一般应满足：频率偏差在 ±10kHz 以内；输出电平稳定在 ±0.5dB 以内；寄生信号控制在小于 60dB。表 4-1 列出了国产九洲 TZ110PG 型导频信号发生器的技术参数。

表 4-1　TZ110PG 型导频信号发生器的技术参数

导频频率/ MHz	输出电平标称值/ dB	输出电平温度 稳定度/dB	频率总偏差/ kHz	寄生信号抑制比/ dB	工作电压/V
110±0.01	102±10	±0.5	±50	≤60	220V　50Hz

第二节　前端类型及其组成形式

前端在有线电视系统中处于核心地位，对于系统指标的影响最大，其性能的好坏直接影响整个系统最终的收视效果。将电视调制器、频道处理器、频道放大器和多路混合器等设备以及供电电源全部安装在一个机箱（19in标准机箱是我国流行的结构）内，就构成了前端。

　　根据组成、用途和功能，前端可分为直接混合型前端、多频段处理型前端、邻频前端和智能前端等多种类型。目前大中型有线电视系统采用较多的是邻频前端。

1. 直接混合型前端

　　直接混合型前端是指将天线接收到的电视信号（指射频信号，视频、音频信号除外）不进行频率变换，而直接用馈线送入混合器。若有的频道信号太弱或太强，可以加天线放大器或衰减器，使信号达到合适的电平后再送入混合器。信号源若包括视频、音频信号（如卫星电视、自办节目等），则需增加卫星电视接收机和电视调制器等设备。混合器的输出端还应加有宽带放大器。这种前端结构简单，便于安装调试和维修，传输频道较少，用于要求不高的小型非邻频传输系统，如图4-13所示。

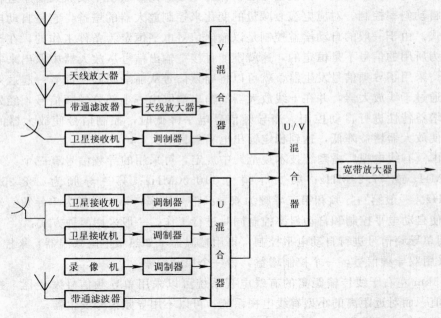

图 4-13　直接混合型前端

2. 多频段处理型前端

　　多频段处理型前端也是一种只适用于小型非邻频传输系统的前端类型。这种前端以多频段放大器为核心，按 VHF_I、VHF_{III}、UHF 和 FM 四个频段分别进行简单的处理，分频段放大，最后混合成一路输出，如图 4-14 所示。能够传输的信号源有空间开路电视、卫星电视、调频广播和自办节目等。这种前端的性能优于前面介绍的直接混合型前端。

3. 邻频前端

　　邻频前端传输频道数目多，信号质量好，采用了符合邻频传输技术要求的信号处理方法，适用于大中型有线电视系统。它包括频道处理器、中频处理方式的电视调制器、频道放大器、立体声调频器、混合器和导频信号发生器等设备，典型的邻频前端的组成如图 4-15所示。

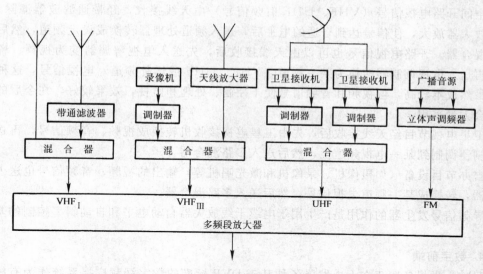

图 4-14 多频段处理型前端

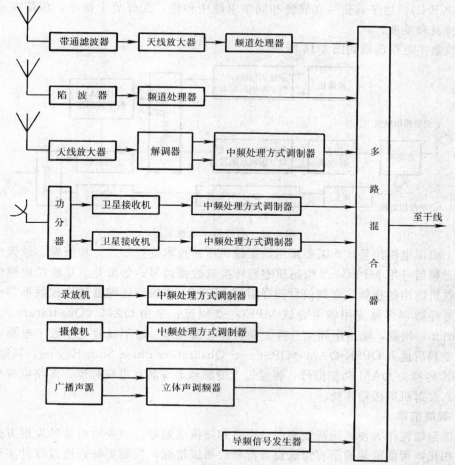

图 4-15 邻频前端的组成

空间开路电视信号（VHF、UHF 射频信号）由天线接收，经带通滤波器滤除干扰、天线放大器放大，使信号达到合适的电平后，送入频道处理器转换成设定频道，然后送入多路混合器。开路电视信号也可以由天线接收后，先送入电视解调器变为视频、音频信号，再送入电视调制器转换为某一频道（VHF、UHF 或增补频道）电视信号，这种处理方法虽然成本较高，但视频和音频信号便于控制、处理和监视，效果较好，在今后的前端中将会大量采用。

卫星电视节目经天线接收后，先由卫星电视接收机转换成视频、音频信号，再送入电视调制器调制到某一电视频道上，然后送入多路混合器。

自办节目设备（如摄像机、录像机和激光唱机等）输出的视频、音频信号也送入电视调制器，转换成某一频道电视信号，然后送入多路混合器。

导频信号发生器的作用是产生用于电缆干线放大器自动电平和自动斜率控制的基准信号。

4. 数字前端

目前，世界各国正在大力发展各种基于 DVB 标准的数字视频广播系统作为有线数字电视（DCB-C）。由于其信号在光纤和同轴电缆中传输，受外界干扰小，相信在不远的将来大量普及和发展。

有线数字电视前端如图 4-16 所示。

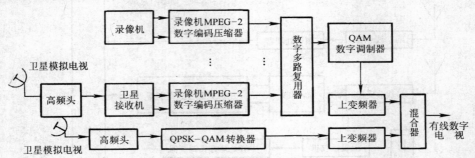

图 4-16 有线数字电视前端

对于模拟电视信号，均需要采用数字编码压缩技术进行处理。如摄像、录像节目需将视频、音频信号用 MPEG—2 编码压缩器转换成数据信号；如果是卫星模拟电视信号，从卫星接收机输出的视频、音频信号同样需用 MPEG—2 编码压缩器转换成数据信号。多路数据信号经数字多路复用器混合成 MPEG—2 码流，采用 QAM（Quadrature Amplitude Modulation）调制，输出中频信号再上变频到电视频道。对于接收卫星数字电视，经过高频头下变频后送入 QPSK-QAM（QPSK——Quadrature Phase Shift Keying）调制转换器，将 QPSK 转换为 QAM 调制信号，再经过上变频器上变频到电视频道；多路电视频道经混合后送入发射机或传输系统。

5. 智能前端

智能前端使用方便，运行效率高，声音和图像质量好，是今后前端的发展方向。和邻频前端相比，智能前端的所有组成设备都是广播级指标，性能更好；通过软件实现控制和管理，具有自动诊断、自动调整参数等功能；智能前端还可以自动切换到备份设备，实现不中断播出。此外，智能前端具有监测功能，在网络中的各个监测点，安装监测器，并通过电缆调制解调器将监测参数回传到前端计算机。智能前端的组成如图 4-17 所示。

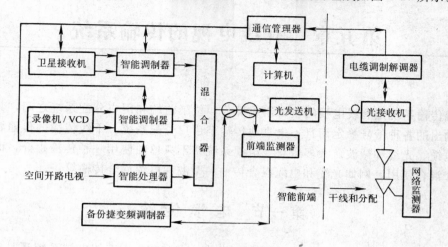

图 4-17 智能前端的组成

小　　结

　　1. 前端是有线电视系统的核心，其性能的优劣对整个系统的质量影响很大。前端的质量很大程度上是由前端设备的性能决定的，只有具有高性能的设备，才会产生高质量的前端。

　　2. 前端设备主要包括电视调制器、频道处理器、电视解调器、前端放大器和多路混合器等。学生首先要掌握这些设备是用来处理哪类信号源，它们的输入和输出信号是视频、音频还是射频信号，输入和输出端分别与哪些设备连接，其次就要熟悉它们的工作方式、组成结构和主要技术参数。

　　3. 主要的前端类型包括直接混合型前端、多频段处理型前端、邻频前端和智能前端等。学生要熟悉这些前端类型的基本组成、特点和用途。邻频前端是目前大中型有线电视系统广泛采用的一种类型，要重点掌握。

思　考　题

　　4-1 电视调制器和频道处理器分别用来处理哪类信号源？简述中频处理方式电视调制器和频道处理器的基本组成与工作原理。

　　4-2 多路混合器可分为哪几类？各自的特点是什么？

　　4-3 空间开路电视信号有哪几种处理方式？分别需要什么设备？

　　4-4 某一邻频前端，接收 3 套空间开路电视节目，分别是 2 频道、5 频道和 10 频道，其中 5 频道信号较弱；同时接收 5 套卫星电视节目，分别是北京卫视、湖南卫视、浙江卫视、四川卫视和凤凰卫视中文台；此外还有 2 套自办节目。试画出邻频前端设计框图，说明需要哪些设备，对于设备性能有什么要求。

第五章　有线电视的传输系统

　　干线传输系统是有线电视的重要组成部分，位于前端和用户分配系统之间，其作用是将前端输出的各种信号稳定而且不失真地传输至用户分配系统。干线传输的传输媒介主要包括：电缆、光缆和微波。大多数有线电视系统并不只单独使用一种传输媒介，而是多种传输媒介混合使用，例如光缆和电缆混合传输、微波和电缆混合传输等。

第一节　电　缆　传　输

　　电缆是有线电视最早采用的传输媒介。目前，大多数小型有线电视系统还是完全电缆传输，电缆网一般是树形结构；而大中型有线电视系统通常采用光缆和电缆混合传输（HFC），其中光缆网一般是星形结构，用于干线传输，电缆网是树形结构，用于分配网络；有的大中型系统采用微波和电缆混合传输，微波用于干线传输，电缆用于分配网络。

　　电缆传输的主要设备有射频同轴电缆、各种无源器件和干线放大器等。

一、射频同轴电缆

1. 结构

　　射频同轴电缆由内导体、绝缘体、外导体（屏蔽层）和护套（保护层）四部分组成，绝缘体使内、外导体绝缘且保持轴心重合，其结构如图5-1所示。

　　内导体（也称芯线）由铜线、镀铜铝线或镀铜钢线制成。外导体（也称屏蔽层）一般由铜丝编织网或镀锡铜丝编织网内加一层铝箔制成，也可采用金属管，对电磁干扰有屏蔽作用。外导体与内导体之间是绝缘介质，介质对电缆起支撑作用，其电特性在很大程度上决定着电缆的传输和损耗特性，经常使用的绝缘介质有干燥空气、聚乙烯、聚丙烯、聚氯乙烯等。

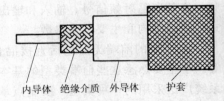

内导体　绝缘介质　外导体　护套

图 5-1　射频同轴电缆结构示意图

电缆的最外层是护套，对电缆起保护作用，常采用聚乙烯或乙烯基类材料。

2. 型号

　　射频同轴电缆的种类和规格很多，我国对同轴电缆的型号与规格实行了统一的命名，具体编制方法如图5-2所示。

　　型号命名通常由四部分组成：第一部分用英文字母表示，分别表示同轴电缆的分类代号、绝缘材料、护套材料和派生特性，具体含义见表5-1。第二、三、四部分均用数字表示，分别表示同轴电缆的特性阻抗（Ω）、芯线绝缘外径（mm）和结构序号。例如"SYV—75—9—1"的具体含义是：S表示该电缆为射频同轴电缆，Y表示绝缘材料为聚乙烯，V表示护套材料为聚氯乙烯，特性阻抗为75Ω，芯线绝缘外径为9mm，结构序号

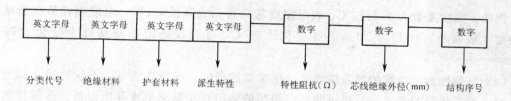

图 5-2 同轴电缆型号编制方法

为 1。又例如，目前在有线电视系统中被大量采用的 SYKV 型电缆，S 表示为射频同轴电缆，YK 表示绝缘材料为聚乙烯纵孔形，V 表示护套材料为聚氯乙烯。

表 5－1 电缆名称代号含义

电缆代号		绝缘材料		护套材料		派生特性	
符号	含 义	符号	含 义	符号	含 义	符号	含 义
S	同轴射频电缆	D	稳定聚乙烯-空气绝缘	B	玻璃丝编织浸硅有机漆	P	屏蔽
SE	对称射频电缆					Z	综合
SJ	强力射频电缆	F	氟塑料	F	氟塑料		
SG	高压射频电缆	I	聚乙烯-空气绝缘	H	橡胶		
SZ	延迟射频电缆			M	棉纱编织		
ST	特性射频电缆	W	稳定聚乙烯	V	聚氯乙烯		
SS	电视射频电缆	X	橡皮	Y	聚乙烯		
		Y	聚乙烯				
		YK	聚乙烯纵孔				

随着新技术和新材料的应用，新型电缆代号可能会超出表中所列含义。

有线电视系统中使用的射频同轴电缆，芯线绝缘外径分为 4.80mm、7.25mm、9.00mm、11.50mm、13.00mm、15.00mm 和 17.30mm 等几种，我国用 5、7、9、12、13、15 和 17 等数字来表示。

3. 性能参数

（1）特性阻抗 特性阻抗是指在同轴电缆终端匹配的情况下，电缆上任意点电压与电流的比值，通常与内、外导体直径和绝缘材料的相对介电常数有关。有线电视系统中同轴电缆的标准特性阻抗为 75Ω。

（2）衰减常数 衰减常数 α 定义为单位长度（如 100m）电缆对信号衰减的分贝数。衰减常数与同轴电缆的结构尺寸、介电常数、工作频率有关。电缆的内、外导体直径越大，衰减常数就越小。衰减常数还与信号频率的平方根成正比，即频率越高，衰减常数越大；频率越低，衰减常数越小。在电缆产品说明书中以表格或曲线形式给出了在 20℃ 常温下的衰减常数与频率之间的对应关系。

（3）温度系数 温度系数表示温度变化对电缆损耗值的影响。通常温度增加，电缆损耗增大；温度降低，电缆损耗减小。

温度系数定义为温度每升高（或降低）1℃，电缆对信号衰减增加（或减小）的百分数。例如，温度系数为 0.2%/℃，表示温度每升高（或降低）1℃，电缆损耗值在原基础上增加（或减小）0.2%，如果温度变化 ±25℃，电缆损耗值在原基础上变化 ±25×0.2%＝±5%。

（4）屏蔽性能　电缆的屏蔽性能是一项重要的指标。屏蔽性能好，不仅可防止周围环境中的电磁干扰影响本系统，也可防止电缆的传输信号泄漏而干扰其他设备。金属管状的外导体具有最好的屏蔽性能，双层铝塑带和金属网外导体也可取得较满意的屏蔽效果。

（5）回路电阻　回路电阻定义为单位长度（如 1km）内导体与外导体形成的回路的电阻值（以 Ω/km 表示）。干线放大器的供电是经电缆传送的，50Hz 交流电流经过内导体到达放大器（作为电源的负载），再由放大器经过外导体返回电源，形成一个回路。当确定由电源到任一负载的电压降时，就需要考虑回路电阻的影响。回路电阻在 50Hz 交流测得的值与直流回路电阻差别很小，可替代使用。一般要求回路电阻要小，可多供几级放大器。

（6）最小弯曲半径　铺设电缆时，若电缆某处弯曲程度太大或被挤压变形，特性阻抗就会变得不均匀，造成该处的驻波比增大，产生反射，收视效果变差甚至影响收看。因此，在弯曲电缆时，一定要参照产品说明书给定的最小弯曲半径，若未标明最小弯曲半径，则一般应为电缆直径的 6～10 倍。

（7）防水、防潮性能　水分会使电缆的损耗急剧增大，对电缆有非常不利的影响。护套虽然能防止水通过，却不能防止水蒸气通过，因此同轴电缆要长期使用，防水、防潮性能尤为重要。

（8）老化　随着使用时间的推移，安装在室外的电缆会出现老化现象，各项性能参数都要发生变化，其中电缆损耗特性变化很大。例如，三年后电缆损耗增加 1.2 倍，六年后增加 1.5 倍。因此，当使用时间较长，收视效果变差时，可尝试更换安装在室外的电缆。

二、常用无源器件

无源器件是指不需要供电的各类器件。有线电视系统中无源器件的应用最广，使用量最大，主要包括分配器、分支器、衰减器和均衡器等。

1. 分配器

分配器是每个有线电视系统中都不可缺少的器件。其主要作用是将一路输入信号电平平均地分成几路输出，如分成二、三、四、六和八路等；此外，将分配器的输入、输出端倒过来使用，则相当于混合器，可将多路信号混合成一路输出。

分配器的分类方法很多，通常根据分配器有几个输出端而称为几分配器，如二分配器、三分配器、四分配器、六分配器等。从组成分配器的电路原理来看，最基本的是二分配器和三分配器，也就是说四分配器可由三个二分配器组成，六分配器可由一个二分配器和两个三分配器组成，依此类推。

此外，还可按照工作频率范围分为全频道型、5～550MHz 带宽型、5～750MHz 带宽型和 1GHz 宽带型，1GHz 宽带型具有双向传输功能，适用于有线电视宽带综合业务；按照能否通过 50Hz 电源电流分为过电流型和不过电流型，若干线放大器通过电缆馈电（一

般为 $40\sim60V$，$50Hz$），则要求安装在电流通路中的分配器为过电流型；按照分配器盒体结构分为塑料型、金属型、压铸型、密封防水型等。

分配器的图示符号如图 5-3 所示，通常有两种表示符号，在技术文献中都可以使用。

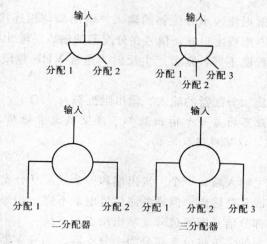

图 5-3 分配器的图示符号

分配器的技术参数主要有：

（1）分配损耗 指分配器输入端信号电平与输出端信号电平分贝数之差，如下式

$$L_s = P_i - P_o \tag{5-1}$$

式中，L_s 为分配损耗（dB）；P_i 为输入信号功率（dB）；P_o 为某个输出端信号功率（dB）。

根据分配损耗定义，若已知输入端电平或某个输出端电平，就可计算出任一输出端电平或输入端电平，如下式

$$P_o = P_i - L_s \tag{5-2}$$
$$P_i = P_o + L_s \tag{5-3}$$

理想情况下，n 分配器的每一路输出信号功率是输入信号功率的 n 分之一，此时分配损耗 L_s 与分配路数 n 的关系如下

$$L_s = 10 \lg n \tag{5-4}$$

由上式可以看出，分配损耗随分配路数的增加而增大。实际上，由于分配器在设计和制作过程中会引入一定的损耗，故实际损耗值都大于理想损耗值，见表 5-2。

表 5-2 常用分配器的分配损耗值

n	2	3	4	6	8
理想值/dB	3.01	4.73	6.02	7.78	9.03
实际值/dB	3.5±0.4	5.5±0.5	7.5±0.5	9±1	11±1

（2）相互隔离度 相互隔离度反映了分配器各输出端之间相互影响的程度。如果在分

配器的某一输出端加入一个测试信号，其他输出端会有微小电平输出（其他输出端及输入端均按匹配负载），测试信号电平与其他输出端信号电平之差即是相互隔离度，通常用分贝表示。

相互隔离度的值越大表示分配器各输出端之间的相互影响程度越小。通常要求相互隔离度大于20dB。

（3）反射损耗　反射损耗表示分配器的输入、输出端与相连接同轴电缆的匹配程度。若反射损耗很大，说明匹配程度很好，信号在分配器的输入、输出端处不产生反射；若反射损耗很小，说明匹配程度不好，则会产生反射。通常 VHF 频段反射损耗要大于16dB，UHF 频段大于10dB。

（4）输入、输出阻抗　分配器的输入、输出阻抗都为 75Ω。

实用中应**注意**：分配器的每一个输出端都不能空载或者短路，若某个输出端多余不用，则要接入 75Ω 电阻，以实现阻抗匹配。

2. 分支器

分支器通常有一个主输入端、一个主输出端和一个或多个分支输出端。分支器的作用也是将主输入端信号分成几路输出，但是各路信号电平不完全相等，大部分信号通过主输出端送至主线，另一小部分信号则通过分支输出端进入支线。

通常根据分支输出端的多少将分支器分为一分支器、二分支器、三分支器、四分支器等；此外，还可按工作频率范围分为全频道型、带宽型和 1GHz 宽带型；按是否能通过50Hz 电源电流分为过电流型和不过电流型；按盒体结构分为塑料型、金属型及密封防水型等。

分支器的图示符号如图 5-4 所示。

图 5-4　分支器的图示符号

分支器的技术参数主要有：

（1）插入损耗和分支损耗　插入损耗是表示信号从主输入端传输到主输出端的电平衰减的程度，即分支器的主输入端信号电平与主输出端信号电平分贝数之差，如下式

$$L_d = P_i - P_o \tag{5-5}$$

式中，L_d 为插入损耗（dB）；P_i 为主输入端信号电平（dB）；P_o 为主输出端信号电平（dB）。

分支损耗是表示信号从主输入端传输到分支输出端的电平衰减的程度，即分支器的主输入端信号电平与分支输出端信号电平分贝数之差，如下式

$$L_c = P_i - P_b \qquad (5\text{-}6)$$

式中，L_c 为分支损耗（dB）；P_i 为主输入端信号电平（dB）；P_b 为分支输出端信号电平（dB）。

插入损耗与分支损耗之间的关系如图 5-5 所示。

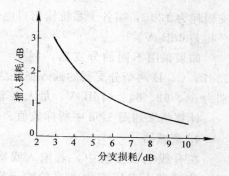

图 5-5　插入损耗与分支损耗的关系

由图可知，插入损耗小，分支损耗就大；插入损耗大，分支损耗就小。

根据插入损耗与分支损耗的定义，若已知分支器的主输入电平，则

主输出电平 P_o = 主输入电平 P_i − 插入损耗 L_d

分支输出电平 P_b = 主输入电平 P_i − 分支损耗 L_c

若已知分支输出电平，则可先计算出主输入电平，然后计算出主输出电平，如下式

主输入电平 P_i = 分支输出电平 P_b + 分支损耗 L_c

主输出电平 P_o = 主输入电平 P_i − 插入损耗 L_d

（2）相互隔离度和反向隔离度　相互隔离度用来表示分支输出端之间的相互影响程度，即在某一分支端加入测试信号，其他各端口均接匹配负载时，该测试信号电平与其他分支输出端信号电平分贝数之差。只有分支输出端为两个以上的分支器才具有相互隔离度这项指标，该值越大越好。

反向隔离度用来表示分支输出端与主输出端之间的相互影响程度，即在某一分支端加入测试信号，其他各端口均接匹配负载时，该测试信号电平与主输出端信号电平分贝数之差。为了使支线辐射出来的干扰信号不影响主线，该值越大越好。

以上四项电气性能是分支器的主要技术参数。分支器其他技术参数如反射损耗、输入输出阻抗等，都与分配器基本相同，因此不再说明。

3. 串接式分支器（串接式输出口）

串接式分支器是分支器与用户终端的统一体，具有分支器和系统输出口的功能，也称为串接式输出口。其分支输出端做成系统输出口，直接与用户电视机相连接；而分支器的主输出端连接至下一个用户。这样，利用串接式分支器就可以方便地将多个用户串联起来，适用于楼层较低、横向距离较长的建筑，如图 5-6 所示。

串接式分支器可分为串接一分支器和串接二分支器，串接二分支器用于相隔邻近的用户终端。

系统设计的基本原则之一就是要求每个用户终端都得到大致相同的信号电平。为了达到这个要求，需要采用多种具有不同插入和分支损耗值的分支器。

以图 5-6a 为例，先假定都采用相同的分支器，输入电平为 $76\text{dB}\mu\text{V}$，每个分支器的插入损耗为 2dB，分

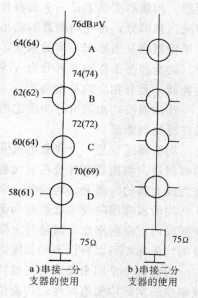

a）串接一分支器的使用　　b）串接二分支器的使用

图 5-6　串接式分支器的使用

支损耗为 12dB，则各个系统输出口电平分别为 64、62、60、58dBμV，最大电平与最小电平相差 6dBμV。

如果采用不同的分支器，例如：A、B 两个分支器的插入损耗为 2dB、分支损耗为 12dB，C、D 两个分支器的插入损耗为 3dB、分支损耗为 8dB，则各个系统输出口电平分别为 64、62、64、61dBμV，最大电平与最小电平只相差 3dBμV。

计算结果如图 5-6a 中所标数值。括号内的数值为采用不同分支器所得到的电平。

4. 衰减器

在有线电视系统中，若输入或输出电平过大，超出规定的范围，就会影响收视效果。衰减器大多用在放大器的输入端和输出端，调节输入、输出端电平，使其保持在适当的范围内。

衰减器一般按衰减量是否可调节分为固定式和可调式两种。固定式衰减器的输入端和输出端可交换使用，常做成不同规格衰减量的系列产品，并制成插件结构，直接装入有线电视系统中。其体积小，性能稳定，装配方便。可调式衰减器分为两种：一种是步级可调式，常用于波段开关；另一种是连续可调式，在一定范围内可任意进行调整。

5. 均衡器

均衡器是用来补偿电缆衰减倾斜特性的。我们知道，电缆对信号有衰减且衰减量与信号频率的平方根成正比，即信号高频段损耗比低频段损耗大，电缆的衰减-频率曲线是倾斜的。

因此，即使前端输出的各频道信号电平是一致的，但经过一段电缆传输后，各频道信号电平会变得不一致。高频段信号电平较低频段信号电平低，各频道电平差可达十几分贝，甚至更高，这在邻频传输系统中是根本不允许的。为了在整个工作频段上取得平坦的响应特性，必须对电缆衰减的倾斜特性给予适当的补偿。常用的一种补偿方法就是采用均衡器。均衡器实质上是一个衰减量随频率变化的衰减器，能较多地衰减低频部分而较少地衰减高频部分，再在均衡器的输出端加一个具有平坦特性的放大器，就可以使各频道信号电平重新恢复到原来均衡的水平，如图 5-7 所示。

均衡器按工作频率可分为 V 频段、U 频段和邻频用均衡器。只有在相应频率范围内，均衡器才具有相应的补偿特性。

均衡器按均衡量可分为固定均衡器和可变均衡器，固定均衡器是有线电视系统中使用最广泛的均衡器。

均衡器通常是一个含有电抗元件的无源网络，调整电抗元件可以改变均衡器衰减特性的倾斜度。均衡器可外接在放大器的输入端，也可做成插入式结构直接安装在放大器内，成为放大器的一部分。均衡器大多可以过电流，以适应于集中供电系统。

均衡器常用的技术参数有均衡量、均衡偏差、插入损耗、反射损耗等。均衡量是指工作频段内下限频率点衰减量与上限频率点衰减量之间的差值，用分贝表示。采用不同均衡量的均衡器，可以补偿不同长度电缆的损耗。

均衡偏差是用来表示均衡器特性与电缆衰减特性互补的程度，定义为工作频段内规定频率点的实际均衡值与理论均衡值之差。均衡偏差越小，补偿的效果越好。均衡器其他技术参数的定义与前述器件基本相同，此处不再说明。

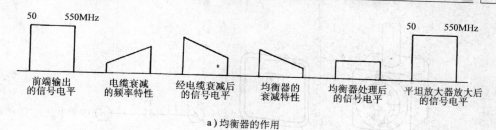

a）均衡器的作用

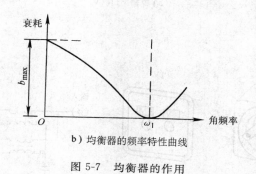

b）均衡器的频率特性曲线

图 5-7　均衡器的作用

6. 系统输出口

系统输出口是有线电视系统与用户设备之间的接口，也称为用户终端盒。它通常包括面板和接线盒，通过一段电缆和插头将电视信号送入用户电视机的输入端口。

系统输出口按输出口数目分为单输出口（TV）和双输出口（TV、FM）两种。前者只有一个插孔，输出射频电视信号；后者则有两个插孔，分别输出射频电视信号和调频广播信号。其外形和基本电路如图 5-8 所示。

系统输出口按结构分为塑料盒和金属盒，金属盒具有较好的屏蔽性能。

系统输出口按工作方式分为终端式和串接式，串接式即串接式分支器。

系统输出口按安装形式分为明装式和暗装式。明装式安装在墙的表面，露出面板和接线盒，适用于旧式楼房安装；暗装式安装在墙内或其他装饰平面内，只露出面板，适用于预埋好暗装电缆管道的新建楼房。

以上几种就是系统中常用的无源器件。此外还有各种连接器，包括高频插头、插座和转接器，用于系统中各种设备与同轴电缆之间的连接。为了实现系统匹配，连接器阻抗均为 75Ω。

三、干线放大器

干线放大器安装在干线上，其主要作用是对信号进行放大，以补偿电缆干线的损耗，进一步延伸传输距离。干线放大器的性能好坏直接影响到整个系统的信号传输质量，关系到成千上万用户的收视效果。因此，在大中型有线电视系统中，对干线放大器的各项技术性能有严格的要求。

1. 干线放大器的分类

干线放大器的种类较多，国家标准中按功能将其大致分为三类。

（1）Ⅰ类干线放大器　即 ALC 干线放大器，采用两个导频信号，具有自动增益控制

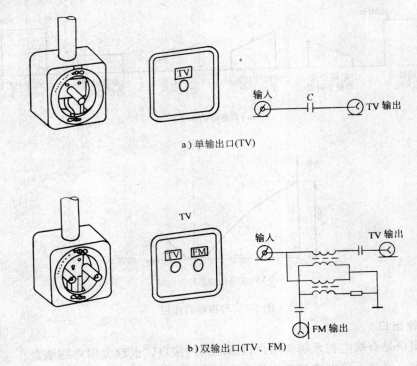

a) 单输出口(TV)

b) 双输出口(TV、FM)

图 5-8　系统输出口外形和基本电路图

（AGC）和自动斜率控制（ASC）功能，统称为自动电平控制（ALC）。传输距离可达
10km 以上，适用于大型有线电视系统。

（2）Ⅱ类干线放大器　即 AGC 干线放大器，采用单导频信号，只具有自动增益控制
（AGC）功能。传输距离达 5km 左右，适用于中型有线电视系统。

（3）Ⅲ类干线放大器　无导频信号，只具有手动增益控制（MGC）和手动斜率控制
（MSC）功能，适用于小型有线电视系统。此类放大器还可分为二种：一种是Ⅲ$_A$类放大
器，可与Ⅰ类干线放大器间隔使用；另一种是Ⅲ$_B$类放大器，可单独使用或与Ⅱ类干线放
大器间隔使用。

2. 干线放大器的自动增益控制特性

电缆对信号的衰减与频率的平方根成正比，也就是说频率从低频端到高频端，电缆的
衰减量曲线有一个斜度。如果环境温度发生变化，则衰减量也会随之变化，且不同频率点
衰减量的变化量也是不一致的。例如 MC^{2}500 电缆，长度为 1km，温度变化 ±30℃，温度
系数为 0.14%/℃，则衰减变化量如下：

45MHz 时，
$$1000m \times 1.5dB/100m \times 1.4/1000℃ \times (\pm30°) = \pm0.63dB$$

110MHz 时，
$$1000m \times 2.25dB/100m \times 1.4/1000℃ \times (\pm30℃) = \pm0.95dB$$

500MHz 时，
$$1000m \times 4.86dB/100m \times 1.4/1000℃ \times (\pm30℃) = \pm2.04dB$$

　　因此，电缆衰减特性曲线的斜度（斜率）并不是固定不变的，而是随环境温度变化而变化。从而使放大器的输入和输出电平也随温度变化而变化，导致稳定性下降。

　　为了稳定放大器的输出，必须使其能够根据输入电平的变化自动调整增益。导频信号是由安装在前端的导频信号发生器产生的基准信号，一般是频率固定、幅度稳定的正弦波。由于导频信号和电视信号都同时通过同样的电缆，当因温度变化而引起电缆损耗改变时，放大器就可根据导频信号电平的变化来自动调节增益，以稳定放大器的输出。

　　AGC 干线放大器采用了以单一导频信号为参考基准的自动增益控制电路，放大器根据导频信号电平的变化自动调节可调衰减器的衰减量，使放大器的输出保持稳定。通常将导频信号选在工作频段中间适当的点上，这样能较好地兼顾整个频段的电平波动。

　　ALC 干线放大器采用两个导频信号作为基准，分别作用于自动增益控制（AGC）和自动斜率控制（ASC）电路。通常 AGC 导频信号选在高频端，调节可调衰减器的衰减量，使高频端输出幅度相对稳定；ASC 导频信号选在低频端，通过调节可调均衡器来实现自动斜率控制功能。由于采用了双导频信号，使信号在高频端和低频端均得到有效控制，干线传输过程中产生的电平波动，在各级 ALC 干线放大器的控制下均能基本消除。

3. 干线放大器的基本组成

　　（1）Ⅰ类干线放大器　即 ALC 干线放大器，是一种功能最全、性能最好的干线放大器。其基本组成框图如图 5-9 所示。

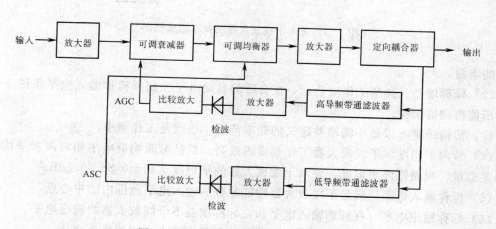

图 5-9　ALC 干线放大器的基本组成框图

　　（2）Ⅱ类干线放大器　即 AGC 干线放大器，其基本组成框图如图 5-10 所示。

　　（3）Ⅲ类干线放大器　即手动增益控制（MGC）和手动斜率控制（MSC）放大器，加有温度补偿电路。它是利用温度敏感元件（热敏电阻），通过不同的温度转换成不同的控制电流来调节可调衰减器的衰减量，以实现增益控制，并以均衡器来进行斜率补偿。这种干线放大器在一定程度上克服了由于温度变化而引起的电缆衰减变化，技术性能低于自动控制干线放大器。其基本组成框图如图 5-11 所示。

4. 干线放大器的主要技术参数

　　（1）最小满增益　带有自动增益控制的放大器，用手动调整到最大输入时放大器所能

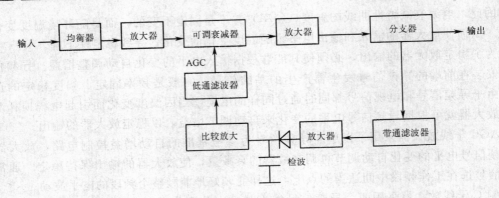

图 5-10　AGC 干线放大器的基本组成框图

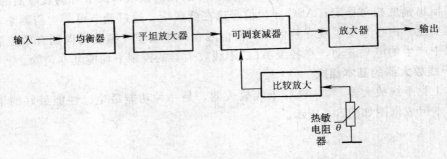

图 5-11　Ⅲ类干线放大器的基本组成框图

得到的增益。

（2）标称增益（典型工作增益）　在合适的自动电平控制和标称输入电平条件下，放大器所能得到的增益。

（3）传输带宽　以最小满增益定义的频率范围，也就是工作频率。

（4）带内平坦度　干线放大器工作频带内最高、最低幅频响应电平相对两者平均电平的偏差总量，叫做带内平坦度。要求干线放大器的平坦度达到±0.25～0.3dB。

（5）标称输入电平　满足干线放大器性能参数的输入电平范围内的中心点。

（6）标称输出电平　在标称输入电平和在标称增益下干线放大器的输出电平。

（7）信号交流声比　信号与寄生调幅到载波信号上的电源交流峰值之比。

（8）载波组合交扰调制比（C/CM）　交调指一个频道的调制内容叠加（串扰）到另外一个频道上。它与频道数有关，其值为被测频道需要的调制包络峰-峰值与在被测载波上的转移调制包络峰-峰值之比。

随着我国有线电视频道大量增加，已经普遍采用 CSO 和 CTB 两项非线性失真指标来衡量有线电视系统非线性失真。

（9）载波组合二次差拍比（C/CSO）　任意两个载波的和频、差频（二次互调产物）和它们的二次谐波统称为组合二次差拍产物，载波信号峰值电平与这些产物之比叫做载波组合二次差拍比。

（10）载波组合三次差拍比（C/CTB）　在多频道放大时，载波信号峰值电平相对其周围的各种三次差拍及三次互调聚集产物之比。

(11) AGC 和 ASC 特性 AGC 特性表示干线放大器的输出电平受输入电平变化影响的大小；ASC 特性表示干线放大器的输出电平斜率受输入电平斜率变化影响的大小。

(12) 反射损耗 表示阻抗匹配的程度，以 dB 表示。干线放大器反射损耗大于 16dB，分贝数越大，匹配越好。反射损耗不合乎要求，不但引起重影，而且会使平坦度变坏。

(13) 噪声系数 干线放大器的噪声系数在 7～10dB 范围内，越小质量越好。

(14) 最大输出电平 最大输出电平是交调比为 60dB 时放大器的输出电平。有些产品给出的是在几十个频道混合输入时，在某个非线性指标下的最大输出电平。

(15) 集中供电和稳压电源性能 由于集中供电电源稳压精度不高和电缆回路电阻引起的电压降，要求干线放大器内采用开关电源，在电源输入 28～60V 变化时，均能正常工作。

为了进一步了解干线放大器的技术参数，表 5-3 中列出了部分实际产品的技术参数以供参考。

表 5-3 国产 XF 系列双模块 AGC 干线放大器技术参数

型 号	XF—22GA(L)			XF—26GA(L)			备 注
频率范围/MHz	45～300	45～450	45～550	45～300	45～450	45～550	—
工作频道容量	28	47	59	28	47	59	—
最大增益/dB	22±0.5			26±0.5			0dB 衰减和均衡器
带内平坦度/dB	±0.25			±0.25			—
工作输出电平/dBµV	94			98			—
工作输入电平/dBµV	72			72			—
复合二次差拍(CSO)/dB	85	80	77	81	76	73	在工作电平和频道
复合三次差拍比(CTB)/dB	90	84	82	82.5	76.5	74.5	数下测量
噪声系数/dB	8			8			
AGC 性能/dB	输入±3dB 时,输出 ±0.3dB			输入±3dB 时,输出 ±0.3dB			
最大输出电平/dBµV	120			120			按 DIN45004B
反射损耗/dB	16			16			
增益调节范围/dB	0～10			0～10			
斜率调节范围/dB	0～18			0～18			插片式 1.5dB/挡
导频频率/MHz	168.25			168.25			其他频率可选择
检测口/dB	—10			—10			
供电方式	220V 或 60V AC			220V 或 60V AC			60V 为集中供电

5. 干线放大器的集中供电

干线放大器可以就近接市电，也可以在前端（或传输干线中任何一点）对干线放大器集中供电。采用集中供电可以减少供电点，使干线系统供电可靠性与安全性提高，同时干线传输系统不会因为某个局部区域停电而使干线传输中断，导致用户无法收看节目。

集中供电需要增加交流供电器、电源插入器等设备。交流供电器的主要部分是一个降压变压器，将50Hz、220V市电变换成稳定的50Hz、60V低压交流电，具有稳压、限流和断路等保护功能。电源插入器可将射频电视信号、低压交流电进行混合，一起注入到电缆中进行传输，也可以将二者分离。集中供电示意图如图5-12所示。

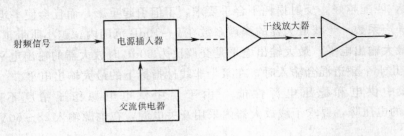

图5-12　集中供电示意图

6. 其他形式的干线放大器

（1）干线桥接放大器　其安装在干线上，除放大干线中的信号外，还分出几路支线信号送至用户分配系统。

（2）中间分支放大器　其安装在干线上，但对干线中的信号没有放大作用，仅对分出的几路支线信号进行放大并送至用户分配系统。

（3）分配放大器　其用在主干线末端，或支干线末端，可以提供几路分配信号输出。

在电缆传输中，除上述几种干线放大器以外，还包括线路延长放大器、楼栋放大器等。线路延长放大器用于支线放大；楼栋放大器则是电缆传输的最后一级放大器。

第二节　分配网络

分配网络是有线电视系统中直接与用户终端相连接的部分，分布面最广最大。分配网络是指从分配点至系统输出口（用户终端）之间的传输网络。分配点是指从干线取出信号并馈送给支线和分支线的连接点。

分配网络通过各种分配器、分支器的选取和组合（有时还要通过放大器），最终给每一个系统输出口提供一个合适的信号电平。国标规定：VHF波段系统输出口电平（又叫用户电平）范围为57～83dBμV；UHF波段为60～80dBμV。用户电平过高或过低都不好。用户电平过低，不能满足最低信噪比要求，屏幕上会出现"雪花"噪波干扰；用户电平过高，易产生非线性失真，出现"窜台""网纹"等干扰现象。一般情况下选取（70±5）dBμV。

分配网络的设计应根据分配点的输出功率、用户终端的数量、建筑结构及布线要求等实际情况来选取合适的网络组成形式，进而确定所用部件的种类、规格和数量。

一、分配网络的基本组成形式

1. 分配-分配形式

分配-分配形式的基本组成框图如图5-13所示。

这种分配网络使用的器件都是分配器，通常最多采用三级，每一级根据实际情况可采用二、三、四分配器。这种分配方式的信号损耗较小，为各级分配器的分配损耗之和，再加上传输电缆的损耗。

但是，如果某一路空载，则对其他几路影响较大。因此在实际使用中，若某个端口暂时不用，应接上 75Ω 的匹配电阻，以保持整个分配网络的匹配状态。

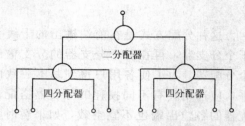

图 5-13　分配-分配形式的基本组成框图

2. 分支-分支形式

分支-分支形式的基本组成框图如图 5-14 所示。

这种分配网络使用的器件都是分支器。前面分支器的支线输出，作为干线将后面各分支器串接起来，通过分支输出端把信号分配给各个用户终端。

这种分配方式的信号损耗较大，每个用户终端的总损耗等于主分支器的分支损耗、前面各分支器的插入损耗与终端分支器的分支损耗之和。串接的分支器越多，损耗就越大。

在实际使用中，最后一个分支器的主输出端应接有 75Ω 的匹配电阻。为了使各用户得到基本一致的信号电平，应选用具有不同损耗的分支器进行搭配。靠近放大器的分支器损耗可大一些，靠近终结电阻的分支器损耗要小一些。

3. 分配-分支形式

分配-分支形式的基本组成框图如图 5-15 所示。

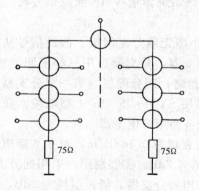

图 5-14　分支-分支形式的基本组成框图

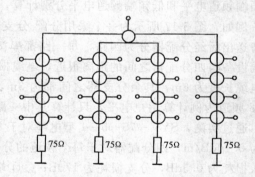

图 5-15　分配-分支形式的基本组成框图

这种分配方式是分配网络中使用最广泛的一种。先采用一个分配器将信号平均分成几路作为支线，然后在每条支线上串接若干个分支器，通过分支输出端把信号分配给各个用户终端。

由于在前面采用了一个分配器，这种分配方式的信号损耗较小，而且分出的支线也多一些，特别适合于高层建筑采用。

在实际使用中，每条支线末端应接上 75Ω 的匹配电阻。为了使各用户得到基本一致的信号电平，应选用具有不同损耗的分支器搭配使用。

4. 分支-分配形式

分支-分配形式的基本组成框图如图 5-16 所示。

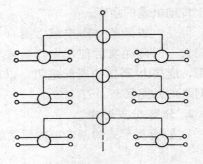

这种分配方式是在前端输出的干线上串接若干个分支器，再在每个分支器的分支输出端接一个分配器。为了使各用户得到基本一致的信号电平，应选用具有不同损耗的分支器搭配使用。分配器的各输出端也不宜空载，如果暂时不用，应接上 75Ω 的匹配电阻。

以上四种是分配网络的基本形式。在实际应用中，还可将这些基本形式组合使用，构成较复杂的混合型。

图 5-16　分支-分配形式的
基本组成框图

二、用户电平（系统输出口电平）的计算

用户电平的计算大多采用正推法和倒推法。正推法即从前往后计算，以最后一级放大器输出电平为基础，从前往后逐步减去电缆损耗以及分配分支器损耗，最后计算出用户电平；倒推法即从后往前计算，以分配网络最后一个用户电平为基础，从后往前加上电缆损耗以及分配分支器损耗，最后计算出放大器的输出电平。

计算时，应首先选择距离最远、用户最多、条件最差的线路进行计算；当系统传输全频道信号时，应将 VHF、UHF 频段电平分别计算；当系统传输 VHF 频段信号时，应将高频端频道电平和低频端频道电平分别计算。

例如，图 5-17 所示为一个采用分配-分支形式的小型无源分配网络。假设信号从前端设备送出后经分配器分为四路，每一路都串接 6 个分支器，分支器选用三种不同的规格；前端设备与四分配器之间的距离很近，电缆损耗可以忽略；四分配器与第一个分支器之间的电缆长度为 6m，其余分支器之间都为 3m，全部采用 SYV—75—5—1 型电缆。我们以 2、8 频道为例计算用户电平，只计算其中一路，其余各路用户电平都一样。

通过实测，SYV—75—5—1 型电缆对于 8 频道的衰减为 0.16dB/m，对于 2 频道的衰减为 0.10dB/m，四分配器对于每个频道的分配损耗都为 7dB。①②端用户采用的分支器，插入损耗为 0.5dB，分支损耗为 17dB；③④端用户采用的分支器，插入损耗为 1dB，分支损耗为 13dB；⑤⑥端用户采用的分支器，插入损耗为 2dB，分支损耗为 9dB。前端输出信号电平为 90dBμV。

用户电平 S_n 计算方法：

$$S_n = S_T - L_P - L_x - L_n - L_F - L_S + G_F \tag{5-7}$$

式中，S_n 为第 n 个用户端的输出信号电平（dB）；S_T 为前端输出信号电平（dB）；L_P 为分配器总分配损耗（dB）；L_x 为传输电缆总损耗（dB）；L_n 为分支器总插入损耗（dB）；L_F 为分支器总分支损耗（dB）；L_S 为衰减器损耗（dB）；G_F 为宽带放大器增益（dB）。

根据上式先计算 8 频道的用户电平。对于第一个用户端：由于 $S_T = 90$dB，$L_P = 7$dB，$L_x = 0.16$dB/m×6m，$L_F = 17$dB，$L_n = L_s = G_F = 0$。因此，第一个用户端的用户电平 S_1

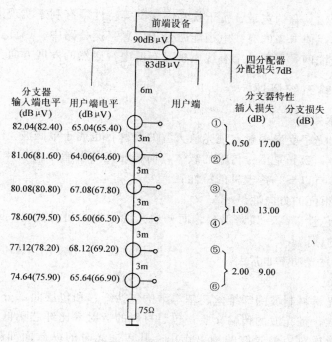

图 5-17　用户电平的计算

为

$$S_1 = 90dB - 7dB - 0.16dB/m \times 6m - 17dB = 65.04dB$$

对于第二个用户端：由于传输电缆增加了 3m，又增加了前面一个分支器的插入损耗 0.5dB。因此，第二个用户端的用户电平 S_2 为

$$S_2 = 90dB - 7dB - 0.16dB/m \times 9m - 0.5dB - 17dB = 64.06dB$$

如此，可以计算出各用户端的 8 频道输出信号电平分别为：$S_1 = 65.04dB$，$S_2 = 64.06dB$，$S_3 = 67.08dB$，$S_4 = 65.60dB$，$S_5 = 68.12dB$，$S_6 = 65.64dB$。

按照以上相同的方法，可以计算出各用户端的 2 频道输出信号电平分别为：$S_1 = 65.40dB$，$S_2 = 64.60dB$，$S_3 = 67.80dB$，$S_4 = 66.50dB$，$S_5 = 69.20dB$，$S_6 = 66.90dB$。

计算结果如图 5-17 中所标数值，括号内的数值为 2 频道的电平。

比较计算结果可以得到：

1）对于 8 频道，用户最高电平为 68.12dB，最低电平为 64.06dB，电平差为 4.06dB，平均电平为 66.09dB。电平差很小，符合要求。通常也可写为（66.09±2.03）dB。

2）对于 2 频道，用户最高电平为 69.20dB，最低电平为 64.60dB，电平差为 4.60dB，平均电平为 66.90dB。电平差很小，符合要求。通常也可写为（66.90±2.30）dB。

第三节　光缆传输

光导纤维——光缆作为一种新型先进的传输媒质，自从问世以来，在通信和电视传输方面得到了广泛的应用，出现了有线传输的新局面。随着光纤传输技术的发展与成熟，近年来我国许多大中城市已经开通或正在规划建设光缆电缆混合网。采用光缆 CATV 系统，可充分利用光纤传输具有的宽带、抗干扰和高保真等特性，有利于实现通信、计算机和有线电视的三位一体，使未来的有线电视能融合于信息高速公路中。因此，用光纤作为传输媒质，建设宽带光缆网，发展数字有线电视是有线电视必然的发展方向。

一、光缆传输系统概述

1. 激光的基本知识

激光是"利用光子受激辐射实现光放大"的简称，也属于电磁波。

在光纤传输中，激光是信号传输的载体，而普通光是不能作为载体的。这是因为与普通光相比，激光具有以下一些宝贵的特性：

1）激光具有很强的方向性。

2）激光的单色性很高，频谱很窄。而普通光源除发出可见光外，还发出紫外线、红外线等，有很宽的频谱。

3）激光器的发光功率非常大。

2. 光纤及光缆

光纤是由导光材料制成的纤维丝，基本结构包括纤芯和包层两部分。纤芯由高折射率的柔软玻璃丝制成，是光波的传输介质；包层材料的折射率比纤芯稍低一些，它与纤芯共同构成光波导，形成对传输光波的约束作用。其传播光时的纵截面如图5-18所示，折射率 $n_1 > n_2$，临界角为 $\theta_c = \arcsin(n_2/n_1)$。当芯线中光的入射角 θ_1 大于临界角 θ_c 时，将发生全反射，光就会在芯线内来回反射，曲折向前传播。

按照光传输模式的不同，光纤可分为多模光纤和单模光纤。光在光纤介质中传播时，它的电磁场在光纤中将按一定的方式分布，这种分布方式称为模式。多模光纤是指允许多种电磁场分布方式同时存在的光纤，按其折射率分布可分为两类，即阶跃折射率分布光纤和渐变折射率分布光纤。单模光纤是指只允许一种电磁场分布方式存在的光纤。

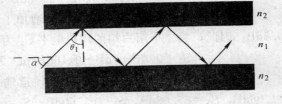

图 5-18 光导纤维中光的传播

多模光纤的制造、耦合、连接都比较容易，但由于存在多种模式传输，色散现象较为严重，进而使传输频带变窄，故传播性能较差，不适合有线电视系统使用。单模光纤的芯线直径小，制造、耦合、连接都比较困难，但其频带宽，传输性能好，适于大容量信息的传输，有线电视系统均采用单模光纤。

光纤的传输损耗非常小，并且不同波长的光在光纤中传输损耗是不同的。在850nm、1 310nm 和 1 550nm 三个值附近，光纤损耗有最小值，故称这三个波长为光纤通信的三个窗口。850nm 波长的光损耗约为 2.5dB/km；1 310nm 波长的光损耗约为 0.35dB/km；1 550nm波长的光损耗约为 0.2dB/km。

色散是光纤传输中的另一重要指标，理论和实验证明：不同波长或不同模式的光在光纤中传输时具有不同的速度。在传输一定距离后，将相互散开，从而造成波形失真。频带越宽，传输距离越远，波形失真越严重。多模光纤的色散较严重，故限制了它的带宽。单模光纤只传输一个模式，色散较小。1310nm 波长的光理论上为零色散，因而带宽很宽，在目前光纤传输中应用最广。

单根光纤很细，强度很低，无法应用。因此，实际中是将多根光纤组合成多芯光纤，并加入钢丝、聚酯单丝等加强筋，外面再加上保护套，才成为实用的光缆。

3. 光缆传输的基本原理

光缆传输系统的基本组成框图如图 5-19 所示。无论是数字系统还是模拟系统，其基本组成方式是一致的，区别主要在于光发射机和光接收机的不同。

光发射机是将电信号转变成光信号的装置，电信号被加到激光器上，用以控制光信号的强弱，使其随着电信号大小而变化（光强调制）。被调制后的光信号从发射机中输出，经光分路器分成几路，分别送至多条光缆线路进行传输。若传输距离过远，中间应加有光中继站，对光信号进行放大后再继续传输。光接收机则将接收到的光信号转变成电信号。

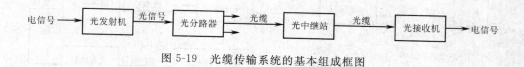

图 5-19　光缆传输系统的基本组成框图

4. 光纤传输的特点

（1）频带宽、传输容量大　频带的宽窄代表了可以传输信息容量的大小。由于光的波长为微米（μm）级，频率在 3×10^5 GHz 左右，其绝对带宽相当宽。从理论上而言，它可容纳比同轴电缆多得多的频道。

（2）传输损耗小　光纤传输的损耗非常小，例如 1 310nm 波长的光损耗为 0.35dB/km，不加中继站，单程可传输 30km，而一般直径较大的同轴电缆每公里损耗可达数十分贝。此外，还有两个特点：其一是在全部有线电视传输频道内具有相同的损耗（频率特性好），不需加入均衡器；其二是损耗几乎不随温度变化。

（3）抗干扰性能强　由于光纤的基本成分是石英，为非导体，它不受电磁场干扰，雷电、高压电也不会侵入而产生触电或毁坏设备等事故。同时，光纤抗化学腐蚀能力强，安全可靠。

（4）保真度高　光纤传输通常不需要中继站（或中继站极少），不会引入非线性失真，使信号传输质量大大提高。同时，光纤中传输的信号不易泄漏，保密性好。

（5）重量轻、铺设方便　光纤非常细，即使做成光缆也不粗，且比重小，重量轻，便于铺设。

（6）来源丰富　光纤是由石英制成的，其主要成分为 SiO_2，是地壳中含量最丰富的物质。随着光缆生产技术水平的提高，有望进一步降低成本。

二、光缆 CATV 系统的构成

1. 光缆 CATV 系统的调制方式

光信号传输的基本调制方式是光强调制（IM），即光缆中传送的光信号强弱（光功率大小）随电信号的大小而变化。我们通常所说的光缆 CATV 系统调制方式是指电信号的调制方式，分为残留边带调幅（VSB/AM）、调频（FM）、数字（PCM）三大类。在进行传输时，首先完成电信号的调制，然后进行光强调制。因此，若完整地说，调幅光缆系统的调制方式应为 VSB/AM-IM，调频光缆系统的调制方式应为 FM-IM，数字光缆系统的调制方式应为 PCM-IM。为了简化叙述起见，常常将 IM 省去。

在上述三种调制方式中，PCM 光缆系统的性能最好，造价最高；VSB/AM 光缆系统的性能最差，造价最低；FM 光缆系统的性能与造价则在二者之间。这里必须指出的是，即使是性能最差的 VSB/AM 方式，在传输距离相同时，其性能也比同轴电缆系统要好得多。

由于 VSB/AM 调制方式与电视调制制式相同，不存在制式转换问题。因此，VSB/AM 光缆系统在有线电视中得到了广泛的应用。

2. VSB/AM 光缆系统

VSB/AM 光缆 CATV 系统的基本构成如图 5-20 所示。

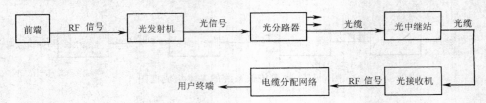

图 5-20　VSB/AM 光缆 CATV 系统的基本构成

前端输出的多频道射频（RF）电视信号首先送入光发射机，进行光强调制，转换成光信号；光信号通过光分路器分成几路后，送入光缆中进行传输（途中可能加有光中继站），在适当的位置（通常是信号分配点）用光接收机将光信号还原成电信号，并通过电缆分配网络送至各个用户终端。由于还原出的电信号仍然是残留边带调幅电视信号，电视机可直接进行收看。

光缆 CATV 系统的网型基本上可分为两种：一种是光缆电缆混合网（HFC），即前端-光缆干线传输-同轴电缆分配系统，如图 5-20 所示；另一种是全光缆网络，即前端-光缆干线传输-光缆分配系统。

目前，由于设备器材昂贵和技术上的难度等因素，全光缆系统很少使用，采用较多的是光缆电缆混合网（HFC）。在光缆电缆混合网中，光缆作为干线，用于点对点的信号传输，常采用星形结构；电缆则用于分配网络，常采用树形结构。

3. FM 光缆系统

FM 光缆 CATV 系统的基本构成如图 5-21 所示。

在发送端，视频（V）、音频（A）信号首先进行频率调制，然后混合成一路并送入光发射机完成光强调制，最后将光信号送入光缆中。接收过程与发射过程相反。

4. 数字光缆系统

数字光缆 CATV 系统的基本构成如图 5-22 所示。

在发送端，视频（V）、音频（A）信号经过处理后送入编码器，转换为数字格式，利用时分复用器将多路数字视频音频信号合并为串行数据流，送至光发射机进行光强调制，转换成光信号。

在接收端，光接收机将光信号转换为串行电数据流，经过解时分复用器和解码器处理后，还原为模拟视频、音频信号。

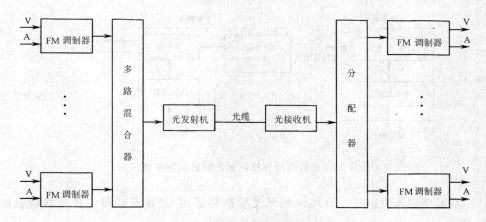

图 5-21　FM 光缆 CATV 系统的基本构成

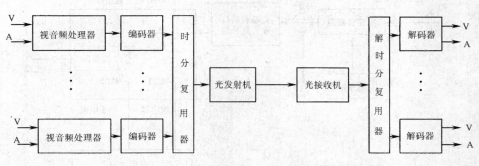

图 5-22　数字光缆 CATV 系统的基本构成

三、光缆 CATV 系统的主要设备

1. 光发射机

光发射机是将电信号转换为光信号的设备，其关键部件是激光器。激光器是光发射机的光源，目前常用的有分布反馈式半导体激光器（DFB）和 YAG 固体激光器（掺钕钇铝石榴石激光器）。激光器的输出功率随着驱动电流的变化而变化（在一定范围内）。由于射频电视信号是宽频带模拟信号，因此对激光器性能要求很严格，特别是电-光变换非线性、相对强度噪声等。

CATV 用 VSB/AM 光发射机可分为两种类型：一种是直接调制方式；另一种是外调制方式。直接调制光发射机常采用 DFB 激光器，射频信号经过相应处理后直接驱动激光器，完成光强调制，其激光的产生和调制是合在一起的。外调制光发射机常采用 YAG 固体激光器，其激光的产生和调制是分别进行的。这两种调制方式的主要区别如图 5-23 所示。

直接调制光发射机由于其电-光变换非线性较大，输出光功率也较小，只在传输距离较近、规模较小的系统中得到广泛的使用。外调制光发射机由于其激光的产生和调制是分别进行的，可使激光器和调制器性能最佳化。其输出光功率较大，特别适用于传输距离远、规模大的有线电视系统。

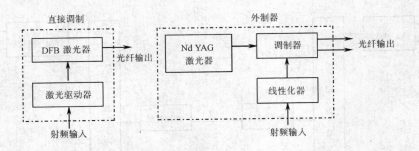

图 5-23　直接调制和外调制光发射机的主要区别

（1）直接调制光发射机　直接调制光发射机常采用 DFB 激光器，其基本组成框图如图 5-24 所示。

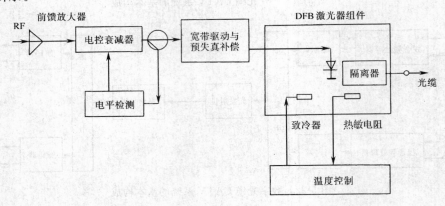

图 5-24　直接调制光发射机的基本组成框图

　　射频电视信号首先由具有低噪声、低失真的前置放大器放大，经过自动电平控制电路使信号电平保持恒定；然后进行宽带驱动和预失真补偿，使信号达到 DFB 激光器所需的驱动电平，并校正其非线性；最后驱动 DFB 激光器，进行光强调制，将电信号转换为强度变化的光信号。光信号通过光活动接头送入光缆。

　　激光器的光输出功率除与射频驱动电流有关外，还受到环境温度的影响，在相同驱动电流条件下，随着温度的上升，光输出功率减小。因此光发射机中还设有用于自动温度控制（ATC）的半导体致冷器和热敏电阻。输出端有一个光隔离器可以大大减小光反射波对激光器的影响。

　　射频信号驱动激光器使光输出强度随着射频信号强度的变化而变化。同时，随着射频信号强度的变化，光频率（或波长）也发生变化，即附加的频率调制。这是不需要的调频效应，具有这些附加频率的光在光纤中传输时会引起色散，是光缆传输系统非线性失真的来源之一。因此，直接调制光发射机的二次失真产物，特别是组合二次失真 CSO 较多，C/CSO 较低，大约 60dB 左右。此外，直接调制光发射机输出的光功率也比较小，大多只有 10mW 左右。但是由于它结构简单，制造成本低，在传输距离小于 30km 的情况下使用广泛。

　　（2）外调制光发射机　外调制光发射机中激光的产生和调制是分别进行的，其关键部件一个是等幅工作的 Nd：YAG 固体激光器，另一个是铌酸锂（$LiNbO_3$）制成的电光调制器，其基本组成框图如图 5-25 所示。

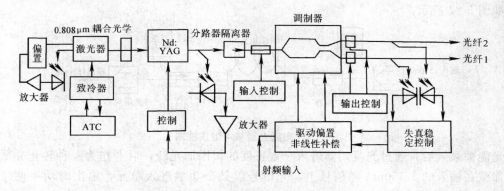

图 5-25 外调制光发射机的基本组成框图

由图可知，外调制光发射机由半导体激光二极管泵浦源（光波长 $0.808\mu m$）、固体激光器、光隔离器、调制器、补偿非线性电路和自动温度控制（ATC）电路等组成，且具有两路（双口）光输出。

与直接调制光发射机相比，外调制光发射机输出光功率大，CSO 小，C/CSO 大，可达 65dB 以上。外调制光发射机一般有两路光输出，两路光的射频调制互为反相。接收端采用与其配套的光接收机，这种光接收机有两个接收通道，输出端用功率混合器将互为反相的射频信号混合成一路，使非线性失真互相抵消，技术性能大为提高。

2. 光接收机

光接收机是将光缆传送来的光信号还原成射频电视信号，即光-电转换，然后通过电缆分配网络送至各个用户终端。实现光-电转换的传感器件是光电二极管，分为 PIN 光电二极管和雪崩式光电二极管。CATV 系统中一般都使用 PIN 光电二极管。将光电二极管和匹配网络组合在一起，构成光检测器模块。光接收机的基本组成框图如图 5-26 所示。

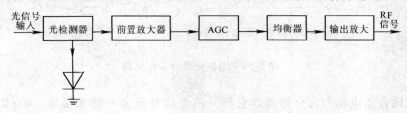

图 5-26 光接收机的基本组成框图

光信号首先通过一只高灵敏度的光电二极管，利用半导体的光电效应实现对光信号的检测，使光信号还原为射频电视信号；利用低噪声前置放大器对信号进行放大，AGC 电路使后级放大器有一个稳定的输入电平，均衡器用来均衡由同轴电缆引起的高频端损耗；射频电视信号达到合适的输出电平、足够的信噪比和理想的幅频特性后，便可以送至前端或分配网络。

3. 光放大器

光放大器有半导体激光放大器和光纤放大器两类。CATV 系统中常使用光纤放大器，光纤放大器有工作波长为 1 550nm 的掺铒 (Er) 光纤放大器 (EDFA) 和工作波长为 1 310nm 的掺镨 (Pr) 光纤放大器 (PDFA) 两种。以掺铒光纤放大器为例，其基本组成框图如图 5-27 所示。

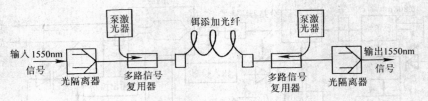

图 5-27　光放大器基本组成框图

光能被泵入后，通过光复用器进入一定长度的铒添加光纤，后者作为一种转化介质把光能加载在输入的 1 550nm 光信号上，光信号以某个功率进入单元，输出时功率便增大了。光隔离器的作用是把不需要的光反射信号滤除。

光纤放大器常作为中继放大器，用于远距离光缆传输系统，也可紧接着小功率光发射机，用于提高光功率。

4. 光耦合器和光分路器

与同轴电缆传输系统一样，光缆传输系统也需要将光信号进行耦合、分支和分配，实现这些功能的器件有星形光耦合器和树形光耦合器（即光分路器）。反之，利用它们也可以将多路光信号合成为一路。其工作原理如图 5-28 所示。

在星形光耦合器中，一边的任一端口输入的光，可以均匀地分配到另一边的所有端口。在理想的情况下，同一边的端口是互相隔离的，这样可将信号发送至其他终端，也可以接收其他终端的信号。

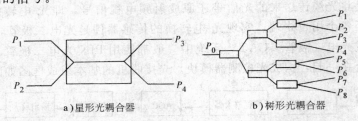

a) 星形光耦合器　　　b) 树形光耦合器

图 5-28　光耦合器的工作原理

树形光耦合器也称为光分路器，它将一路光信号分为 n 路光信号，$n=2$ 称为光二分路器；$n=4$ 称为光四分路器…；依此类推。

光分路器的技术参数有以下几个：

(1) 分光比和理论分光损耗　分光比 K 定义为分路器某个输出端功率 P_n 与输入端功率 P_i 之比，以公式表示为

$$K = P_n / P_i$$

理论分光损耗定义为输入功率 (dB) 减去输出功率 (dB)，是分光比的分贝表示，以公式表示为

$$-10\lg K = 10\lg P_i - 10\lg P_n$$

理论上讲，分光比可以是 1 和 0 之间的任何数。光分路器存在着波长敏感性，即光波长的变化会使分光比发生变化。一般是波长变化 4nm，分光比变化 1%。因此，过分精确的分光比既没有必要，实际也难以达到。

（2）附加损耗　是指在制造分路器时所产生的额外损耗。一般情况下附加损耗见表 5-4。

表 5-4　光分路器的附加损耗

分路数 n	2	3	4	5	6	7	8	9	10	11	12	16
附加损耗/dB	0.2	0.3	0.4	0.45	0.5	0.55	0.6	0.7	0.8	0.9	1.0	1.2

（3）均匀性　是衡量分光比偏差的指标，即实际的分光比与理论分光比的偏差。

（4）插入损耗　包括分光理论损耗和附加损耗两部分，表示为

$$插入损耗 = -10 \lg K + 附加损耗$$

（5）反向损耗　输入光功率与反向反射光功率之比。类似于电缆系统中的反射损耗。

第四节　微 波 传 输

微波一般是指波长从 1m～1mm 的电磁波，相应的频率范围是 0.3～300GHz。

微波最早被用来传送电话、电报、传真和电视节目，并通过微波中继站构成了覆盖全国大部分地区的微波传输网络。最初的微波电视信号采用调频方式，占用频带宽，一般仅传送 1～2 个频道信号。

为了能够收看到距离较远、套数更多的电视节目，在 20 世纪 60 年代末，国外开始将微波技术应用于有线电视系统，国内的有线电视微波系统在近几年也得到了迅速的发展。与同轴电缆和光缆传输相比较，微波传输具有以下一些优点：

1）微波传输适用于地形较复杂（如需跨过河流、山谷）以及建筑物和街道的分布使铺设电缆光缆较为困难的地区。另外，利用微波可跳过面积较大的无居民区，以避免铺设没有收入的传输线路，造成不必要的浪费。

2）由于不需要铺设大量的有线传输媒质，微波传输的建造费用少，建网时间短，维护方便。而在 50km 视距范围内，微波传输是相当稳定的。因此，在传输距离较远时，微波传输具有较高的性能价格比。

3）微波传输的定向性较好，传输频率高，因此其抗天电干扰和工业干扰的能力较强。

4）微波传输易于与前端和电缆分配网络接口，还可以传输加扰电视，与付费电视相兼容。

当然，微波传输也有一些不足之处：微波传输有严格的频率管理，选用微波传输方式应事先向当地无线电管理机构申请频率；微波传输容易受雨、雪等气候现象干扰，易受障碍物阻挡。

按照所传送电视信号的调制方式，微波系统可分为残留边带调幅（VSB/AM）调制、频率（FM）调制和数字微波电视三类。调幅（VSB/AM）微波系统与电视调制制式相同，不存在制式的转换问题，且具有设备简单、造价低、可靠性高等优点，因此得到了广泛的应用。

VSB/AM 微波系统通常又分为两类：调幅微波链路（AML）系统和多频道多点微波分配（MMDS）系统。

一、AML 和 MMDS 系统的特点

AML 和 MMDS 系统各自的特点与区别见表 5-5。

二、微波传输系统的主要设备

微波传输的主要设备包括微波发射机、微波接收机、微波中继器和天线等。

表 5-5　AML 和 MMDS 系统各自的特点与区别

项　　目	AML	MMDS
频率范围/GHz	12.7～13.25	2.5～2.7
带宽（容量）	550MHz(PAL 制 59 个频道)	200MHz(PAL 制 23 个频道)
天线辐射	多点定向，即点对点（或多点）定向传输	全方向性，即点对面传输
传输方向	双向传输	只能单向传输
成本及性能	成本高，系统功能复杂，性能指标较高，可达到光缆传输的质量	投资少，成本低，系统简单
用途	点对点（或多点）传输，用作主干线，适用于大型区域联网	点对面传输，不适于作为主干线，只能作为支线、分支线、通常接小型电缆分配网络，也可直接入户

1. 微波发射机

分为单频道发射机和宽频带发射机，可根据实际需要选用。

（1）单频道发射机　其组成框图如图 5-29 所示。

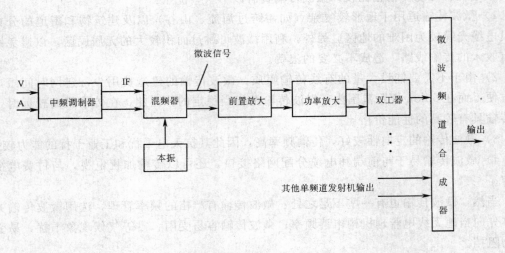

图 5-29　单频道发射机组成框图

输入的视频（V）和音频（A）信号先经中频调制器变为 38MHz 的中频信号，然后上

变频为微波信号，再通过放大器输出额定功率。图像和伴音分开处理，最后输出的微波图像功率要大于微波伴音功率。双工器把微波图像信号和微波伴音信号合成为一路，送入微波频道合成器。频道合成器用来将各个单频道发射机输出的微波电视信号混合成一路，经馈线送至发射天线。

（2）宽频带发射机　其组成框图如图 5-30 所示。

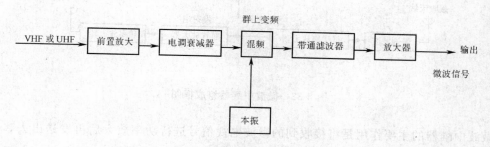

图 5-30　宽频带发射机组成框图

输入的 VHF、UHF 群频道电视信号经前置放大器放大，电调衰减器调节到合适的电平，再与本振信号在混频器中群上变频为微波电视信号，然后经滤波、放大处理后，经馈线送至发射天线。

采用单频道发射机可灵活配置频道，技术性能较好，但成本较高；宽频带发射机不能改变各频道之间的相对位置关系，技术性能较单频道发射机差，但在传输相同频道数目情况下，其成本较低。

2. 微波接收机

主要由群下变频器以及其供电电源、接收天线和馈源组成，其组成框图如图 5-31 所示。

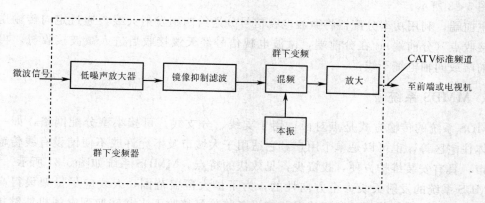

图 5-31　微波接收机组成框图

输入的微波电视信号在进行低噪声预放大后，由混频器群下变频至有线电视标准频道

（VHF、UHF 或增补频道），经放大输出后送至前端，或者送入用户的电视机直接收看。通常群下变频器有多种本振频率可供选择，本振频率不同，其输出频段也不同。采用哪种本振频率的群下变频器，一般由系统的频率配置规划来确定。

3. 微波中继器

又称为微波转发器、微波转播站。它用于传输距离超出 50km 或传输路径有障碍不能直接传输至接收点的地区，其组成框图如图 5-32 所示。

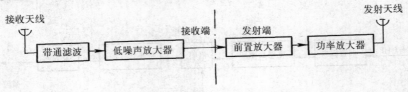

图 5-32　微波中继器组成框图

微波中继器的主要作用是将接收到的微波电视信号进行功率放大后再发送出去，中间没有变频过程，也无制式转换。

4. 天线和馈线

为了有效地发射（或接收）微波电视信号，天线和馈线也是非常重要的一部分。

发射天线通常采用板状抛物面天线、栅网状抛物面天线、喇叭天线和缝隙天线等多种类型。当用于干线传输时，要选用定向天线；当连接分配网络或直接入户时，则选用全方向性天线。

接收天线通常采用小型定向天线，如矩形抛物面天线、八木天线等。为了保证在视距范围之内，接收天线的架设高度应为 15～25m。

微波传输使用的馈线有：椭圆波导、空心电缆和泡沫介质电缆。

三、AML 系统

AML 系统的传输方式是点对点（或多点）的定向传输，用于主干线。典型的 AML 系统如图 5-33 所示。

在主前端，利用功率分配器将微波电视信号分送给四副发射天线，通过定向传输送至相应的接收点（分前端）；在分前端，微波电视信号经天线接收后进入微波接收机，再输出至分前端或同轴电缆干线。

四、MMDS 系统

MMDS 系统的传输方式是点对面，用于支线、分支线。可接小型分配网络，如一幢楼、集体住宅区等，也可以是单个用户。它适用于大城市及不允许或不便铺设有线传输媒质的城市，具有安装维护方便，投资少，见效快的特点。MMDS 系统如图 5-34 所示。

MMDS 系统的发射天线为全方向性的，为了扩大覆盖范围，天线应尽量架设得高一些。各个用户或住宅楼使用接收天线及相应设备将信号接收下来并转换到电视机能够接收的有线电视频段，然后通过分配网络送至用户终端，也可直接与电视机相连接。

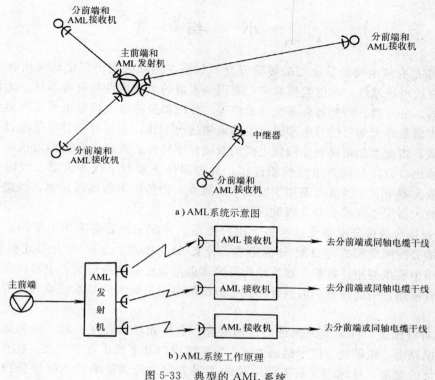

a) AML系统示意图

b) AML系统工作原理

图 5-33　典型的 AML 系统

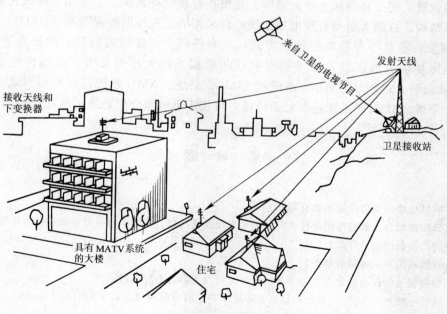

图 5-34　MMDS 系统

小　结

1. 电缆是有线电视最早使用的传输媒介。目前，同轴电缆仍广泛地应用在分配网络以及小型有线电视系统。在电缆传输中，要用到大量的无源器件和有源器件。无源器件主要有分配器、分支器、均衡器和系统输出口等。分配器是将输入信号电平平均地分成几路输出；分支器是将大部分信号电平通过主输出端送至主线，小部分信号电平通过分支输出端送至支线；均衡器是用来补偿同轴电缆的衰减频率特性，使各个频道的输出电平达到均衡；系统输出口直接与用户电视机相连接。有源器件主要有干线放大器、线路延长放大器、楼栋放大器等。干线放大器用于电缆干线放大，使传输距离得以延伸；线路延长放大器、楼栋放大器用于支线和分支线放大。

2. 电视信号通过分配系统送至各个用户终端。分配系统通常采用电缆网，为树形结构。常用的分配网络形式有分配-分配形式、分支-分支形式、分配-分支形式和分支-分配形式。实用中要根据用户数量、建筑结构等因素选用合适的网络形式，也可将几种基本网络形式组合使用，构成较复杂的混合形式。分配网络用户电平的基本计算方法有正推法和倒推法。

3. 光导纤维是一种新型的先进的传输媒介，多根光纤组合在一起，成为光缆。光缆具有传输损耗小、频带宽、抗干扰能力强、容易铺设以及来源丰富等优点，在有线电视中得到了广泛的应用，并成为今后有线电视的发展方向。光缆传输的主要设备包括光发射机、光接收机、光分路器和光放大器等。光缆在有线电视系统中主要用于干线传输，一般采用星形结构。目前大中型有线电视系统广泛采用的是光缆电缆混合网（HFC）。

4. 微波传输是一种新兴的传输方式，具有投资少、建网时间短、维护方便等优点，适用于地形复杂的地区以及难于铺设有线传输媒质的大中型城市。微波传输通常采用 VSB/AM 调制方式，分为 AML 系统和 MMDS 系统。AML 系统是点对点（或多点）传输，用于干线；MMDS 系统是点对面传输，可接小型电缆分配网络，也可直接入户。

思　考　题

5-1　同轴电缆的主要性能参数有哪些？

5-2　分配器和分支器的作用是什么？什么是串接式输出口，适用于哪些地方安装，需注意些什么？

5-3　均衡器的作用是什么？

5-4　系统输出口的种类有哪些？

5-5　导频信号的作用是什么？Ⅰ、Ⅱ、Ⅲ类干线放大器各有什么特点？

5-6　设计一幢楼（3 层，3 单元，每单元每层 2 户）的分配网络。要求用户电平为（66±4）dBμV，标出器件损耗值和该幢楼的入口电平。

5-7　光纤传输的特点有哪些？

5-8　简述光纤传输的基本原理。

5-9　光纤通信的三个窗口是指什么？

5-10　直接调制光发射机和外调制光发射机的区别是什么？

5-11　微波传输的特点有哪些？

5-12　微波传输系统可分为哪几类？

5-13　简述 AML 系统和 MMDS 系统的特点与区别。

5-14　微波发射机可分为哪几种？各自的特点是什么？

5-15　微波接收机主要由哪几部分组成？简述其工作原理。

第六章 网络规划及系统设计（选用）

第一节 网络总体规划及工程方案

有线电视网络由前端系统、传输网络和分配网络组成，必须进行严谨而周详的规划和设计工作。一般来说规划和设计工作分为两个阶段：一是总体规划，二是详细规划和设计。

网络总体规划是系统设计的依据，详细规划和设计是工程技术方案的具体化。高质量的网络规划和工程技术方案是建设有线电视网的关键。

所谓总体规划包括有线电视网络系统的目的和项目、系统规模、功能、节目数量和频道配置、网络结构、施工计划、工程预算和人员安排等。

工程技术方案包括前端设备、传输设备、设计依据、系统指标分配等。

一、网络总体规划的内容

（1）概述 叙述网络规划需要达到的目标、解决的主要问题、规划产生的背景和意义。

（2）覆盖范围的确定 要根据行政区划图详细勘查，然后确定网络覆盖区域、用户数，计算网络传输的最远距离，如图 6-1 所示。

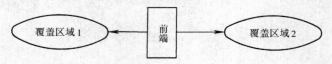

图 6-1 网络覆盖范围示意图

（3）节目套数和频道配置 网络规划时应确定传输节目数量，合理规划每套节目所占频道，合理分配人力、物力和财力。

（4）系统网络结构和功能的确定 网络拓扑有树形、星形、环形。有线电视宽带综合网络一般采用光缆和同轴电缆混合网（HFC 网络），如图 6-2 所示。

系统的功能包括：

1）传输信号的类型（模拟信号、数字信号）。

2）信号传输的方向（单向还是双向传输）。

（5）工程建设规划和步骤 根据有线电视网络系统规模、功能、传输节目数量和网络结构等方面确定。

（6）详细施工图的确定 实地勘查，确定光缆电缆网络干线路径、各光节点及分支点

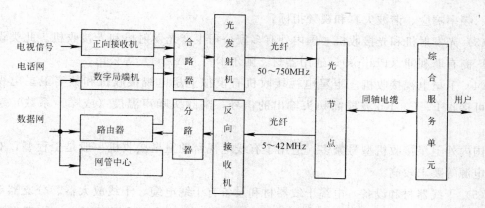

图 6-2　HFC 网络系统构成

位置、光缆电缆的敷设工艺和方式。

（7）工程预算　根据设备清单进行市场调查，逐一进行比较和考察，作出一个准确的工程预算。

二、工程技术方案

工程技术方案涉及的内容有：当地气候条件、有无空间电磁波干扰、供电情况、设备和器材情况、设计的依据、技术指标的分配、最大传输距离、施工图样和器材清单等。下面重点介绍器材的选取。

（1）选择原则　结构符合国际国内标准，电气性能符合国际国内标准。分清主要性能和次要性能，了解产品说明书所列指标及厂家的测量方法，并且注意性能指标的测试条件。接口符合国际国内标准。具有国际国内认可的权威机构的测试鉴定证明（荣誉证书和推荐书一类不能作为选型依据）。

选择具有长期研制和大规模生产能力的公司或研究所的产品。同一系统最好采用同一公司产品，以利于升级换代。

选择国内各地设有技术服务中心和具有良好售后服务的产品。服从于本地本单位网络规划，适合当地环境条件和经济能力。按照价值工程原理，评估多种设备的性能价格比，并择其优者。

选择国际通用的先进设备和器材。

（2）射频前端设备　现阶段前端一般选用邻频设备。从功能方面考虑，前端输出频道一旦配置好后，不需要经常变动。所以，模拟电视信号调制器和模拟电视信号处理器宜选用固定频道输出，每个频道配置一套。频道输出可调节（捷变式）的调制器和信号处理器可以作备用，1～2 套即可。

从结构方面考虑，模式是一个频道一个机箱，符合 19in 标准机柜。也可由两个或 3 个结构单元组成一个频道，易于维修互换，但多数系统采用 19in 标准机柜。

从性能方面考虑，多数设备的多数性能指标接近。特别需要重视的是频率稳定度、载噪比、频率响应、谐波失真和视频指标。

（3）光发射机和光接收机　国内外有多家公司生产光发射机和光接收机。此类设备的主要厂商有菲利浦（Philips）、通用器材、阿尔卡特（Alctel）等公司。

（4）卫星电视接收机　卫星电视接收机有模拟卫星电视接收机和数字卫星电视接收机，可接收 L、C、Ku 波段高频头输出的信号，高频头噪声温度（或噪声系数）越低越好。

国内外卫星接收机型号繁多，适用于有线电视台的卫星接收机一般是工程型，对可靠性、电源等要求较高。

（5）干线器材和设备　电缆干线器材和设备有干线电缆、干线放大器、分支器等。小型系统采用国产高效物理发泡电缆 SYWV—12；大中型系统采用国产高效物理发泡电缆 SYWV—12 或国外电缆 QR 型，MC^2 型等。电缆干线放大器（站）适用于中小型系统，大型系统一般采用光缆干线。光缆干线器材和设备有光缆、光放大器、光分路器、光接收机等。

（6）分配网络部分　分配网络部分设备有用户放大器、同轴电缆、分配器、分支器、同轴电缆、系统输出口等。用户放大器用于电缆分配网络，是信号传输的最后一级放大器，要求有良好的非线性失真特性。为了带动更多系统输出口，要求高增益高输出电平。楼栋之间用 SYWV—9 电缆，单元之间用 SYWV—7 电缆，入户用 SYWV—5 电缆。系统输出口是用户使用的界面，最重要的要求是安全性，系统输出口内必须加高压隔离电容。已有建筑物选用明装，新修建筑物选用暗装。

（7）机房其他设备

加解扰设备：国外多家公司有寻址收费系统上市，可供选择。

音像节目制作系统的功能有字幕、特技、切换等，类型有全数字非线性视频工作站、电脑视频创作系统、电脑动画实时工作站、实时动画创作系统等。

视频演播设备：如录像机、视频编辑机、数字特技机、字幕机等。

连接器件应与各型光缆、电缆连接器配套，各个设备、部件、器件之间的连接线，插头插座要配套并注意是公制还是英制。

分支分配器一般用金属屏蔽型（室外要选用防雨防潮型）。

光纤系统配套工具和仪器有光纤熔接机，光纤切割机，光功率计等。

第二节　网络设计基本要求

有线电视系统设计必须满足国家规定的系统的各种电气参数及其技术指标。满足有线电视系统的电气参数及其指标有：系统输出口电平、载噪比、交互调比、微分增益、相互隔离、输入输出阻抗等。其中前几项技术指标依靠设计和调试来保证，而微分增益、相互隔离、输入输出阻抗靠设备质量来保证，与系统设计无关。

一、网络设计时涉及的参数

1. 系统技术指标分配

具体见表 6-1。

表 6-1 系统技术指标分配

参　数	设　计　值
载噪比（C/N）	≥43dB
交扰调制比（C/CM）	≥（46+10lg（$N-1$））dB（N 为频道数）
互调比（C/IM）	≥57dB
载波组合三次差拍比（C/CTB）	≥54dB

2. 系统输出口电平

在 CATV 系统中，系统输出口电平是一个重要的指标，其目的是提供给电视机一个最佳的输入电平范围，它是指射频电视图像信号同步脉冲内未经过调制载波电压的有效值。如果系统输出口电平过低，在电视机屏幕上呈现雪花状；而电平过高，就会因电视机本身的非线性失真产生干扰，所以系统输出口电平是一个最佳输入电平范围。我国标准有 GB/T 6510—1996 和广电部标准 GY/T 106—1999。

（1）电平范围　由 GB/T 6510—1996 规定：VHF 段为 57～83dBμV，UHF 段为 60～83dBμV；由 GY/T 106—1999 规定为 60～83dBμV。

在进行系统设计时，邻频系统输出口电平为(65±4)dB，在射频电视信号中，伴音的载波电平一般调整到比图像载波电平低 17dB。

系统传送调频广播信号时，系统输出口调频广播信号电平为 47～70dBμV。

系统输出口电平用场强仪或频谱场强仪进行测量。

（2）系统输出口电平差　任意频道：≤10dB；≤8dB（任意 60MHz）。相邻频道：≤6dB。

（3）频道内幅频特性　任何频道内幅度变化不大于±2dB；任何 0.5MHz 内幅度变化不大于±0.5dB。

3. 载噪比（C/N）

载噪比 C/N 定义为系统某点图像或声音载波电平与噪声电平之比，通常用分贝表示。国家标准规定系统的图像载噪比不得低于 43dB，见表 6-1。而图像信噪比 S/N 与载噪比 C/N 之间的关系为

$$C/N=S/N+6.4dB \tag{6-1}$$

视、音频信号以信噪比计算，然后换算为载噪比；通常对于射频信号以载噪比计算。

4. 载波互调比（C/IM）

载波互调比 C/IM 定义为载波电平和互调产物电平之比，用分贝表示。CATV 系统的载波互调比不应小于 57dB，而频道内载波互调比应大于 54dB。

载波互调比不满足要求时表现为网纹干扰。

5. 交扰调制比 （C/CM）

交扰调制比 C/CM 定义为需要的载波调制信号电平和其他频道上转移过来的交扰调制信号电平之比，用分贝表示。

由表 6-1 可见，CATV 系统交扰调制比不得低于 $(46+10\lg(N-1))$dB，其中 N 为频道数。

交扰调制比不合格时表现为串像、雨刷状干扰或滚动的白道。

二、网络设计必须考虑的安全要求

1. 系统输出口的安全

系统输出口直接与电视机相连，必须确保系统外市电不进入系统内，以免造成意外事故。采取的措施较多，例如：在输出端同轴电缆的内导体串接隔离电容器，外导体接地，电容器能够承受 3kV 直流高电压。

2. 防雷与接地

系统设计时应具有防止雷电袭击的措施，例如：天线竖杆装设避雷针，避雷针和天线竖杆要可靠接地；进入前端的馈线要加装避雷针。

3. 对有线电视设备和器件的安全要求

CATV 设备和器件要按操作规程安装使用和维护。

第三节 网络设计步骤方法

一、设计步骤

（1）资料收集

1）已经拟制好的网络总体规划和工程技术方案是设计的依据，除此之外还要收集建筑物平面图、层数、单元数、每单元每层户数、河流、道路、电杆位置以及拟选用设备和产品技术说明书等。

2）服务区的环境与气候。掌握服务区环境状况，便于干线路的设计。了解当地气候状况，包括最低气温、最高气温、降雨和雷电发生的频度。

3）前端、干线和分配网络的指标分配。由表 6-1 可知，有线电视系统前端、干线和分配网络的指标分配要根据不同的网络结构进行分配。

4）掌握当地广电规划、建网要求和城市建设规划。

5）网络规模的确定和网络结构形式的选定。

（2）前端系统的设计 前端系统参数的确定与计算，绘制前端系统图。

（3）干线系统设计 光缆干线、电缆干线、微波干线的设计与计算，绘制干线系统图。

（4）分配系统设计 分配系统参数的确定与计算，绘制分配网络图。

（5）系统供电与防雷设计　系统供电包括前端机房设备供电及干线放大器供电。有线电视前端系统的电源，相对来说要求是比较严格的。一是要求电压要稳定；二是要求原则上不能停电；三是在电源功率上必须满足整个系统的需要。供电电源应采用净化稳压电源，功率应比整个系统的用电功率大 1 倍以上。为了避免电源之间的 50Hz 干扰，机房一般采用单相三线制供电。机房外线为三相五线制 380V，进入机房后，为了确保机房不断电工作，可采用主、备两台稳压电源，分别接 A 相和 B 相，C 相接其他用电设备，零线并联地线单独接入接地铜线。干线放大器供电一般是采取集中供电，也可就近分散供电。供电器的安装可以参照干线放大器的要求进行，给供电器供电的市电线路如果与电缆共杆架设，应架设在电缆上方距电缆 0.6m 以上，市电线路应加防雷设施，如电源避雷器等。

按照国家有关防雷规范标准对前端、传输系统和终端进行防雷设计。接收天线应该用直径 3mm 以上的铜线将天线杆接地，接地电阻不大于 4Ω。同时应在室外天线和引下电缆之间加装天线避雷器。天线避雷器能通过 45～750MHz 的电视信号，插入损耗为 0.8dB，耐冲击电流为 1.5kA，耐冲击电压为 15kV。有线电视传输系统为明线安装，覆盖范围较大，易遭雷击，从导电的角度来看整个网络是相通的，若某一部分漏电或遭到雷击，就会给一片用户带来危险，给网络设备带来损害。一定要采取下列措施进行防雷。

1）架空的钢绞线两端应用导线可靠接地。

2）在电缆接头和分支处用导线把电缆屏蔽层和部件外壳接地。

3）放大器采用分散就近供电时，每个供电器的市电输入端的零线应作重复接地，相线上应接电源避雷器；采用集中供电时，供电器外壳必须接地。

二、设计方法

不管是单向传输还是双向传输，系统设计方法一般按照信号下行传输方向依次设计和计算，即按前端、干线、分配网络的顺序对各部分进行设计。

1. 网络部分的连接关系

前端与干线的连接分为以下几种连接关系：

1）前端与电缆干线的连接，如图 6-3 所示。

2）前端与光缆干线的连接，如图 6-4 所示。

3）前端与微波传输接口的连接，如图 6-5 所示。

2. 前端系统设计

前端系统分析与设计主要考虑邻频前端，邻频前端的主要部件是邻频调制器、频道处理器和解调器。有线电视实现邻频传输，主要是在前端实行了满足邻频传输要求的信号处理方法，包括声表面波滤波器（SAWF）、锁相环路（PLL）频率合成技术、图像和伴音分通道处理等。

（1）质量要求　保证射频、视频、音频技术指标，满足相邻频道的传输要求。

对前端设备中的频道处理器和电视调制器的输出信号要求寄生输出分量小、带外抑制特别是邻频道抑制大、频率总偏差小、输出幅度稳定（±1dB），相邻频道抑制≥60dB，带外寄生输出抑制≥60dB，相邻频道电平差≤2dB，任意频道间电平差≤10dB，V/A 比按

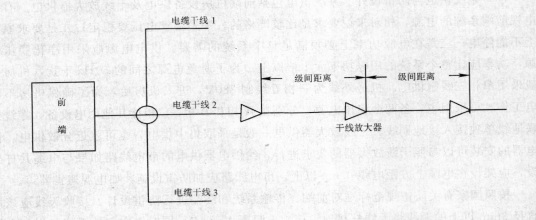

图 6-3　前端与电缆干线的连接

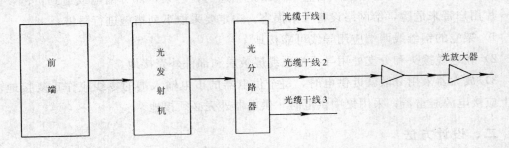

图 6-4　前端与光缆干线的连接

图 6-5　前端与微波传输接口的连接

规定在 14～23dB 之间，通常以 17dB 为宜。

（2）前端载噪比的计算　有线电视系统总载噪比和 CTB 等指标，要在各子系统中进行分配，各子系统指标与总指标之间的数值关系式为

$$(C/N)_z = (C/N)_n - 10\lg K \tag{6-2}$$

式中，$(C/N)_z$ 为子系统的载噪比指标；$(C/N)_n$ 为全系统总噪比指标；K 为分配系数。

国家标准规定有线电视系统 C/N ≥ 43dB，前端载噪比的分配系数为 $K = 0.5$，代入式 (6-2) 得

$$(C/N)_z = 43dB - 10\lg 0.5 = 46dB$$

　　由于前端输入信号有空间开路射频信号和视音频信号两类，前端处理也分为空间射频通道和视音频通道两类。所以分别对这两个通道进行计算，前者得到的是载噪比，后者得到的是信噪比，将信噪比换算为载噪比后进行比较，以载噪比小的那个通道的载噪比作为前端输出口的载噪比。

　　（3）空间射频通道载噪比　单台设备输入端电平 $S_入$ 与输出端载噪比 C/N 的数值关系为

$$C/N = (S_入 - N_f - 2.4) dB \qquad (6-3)$$

式中，N_f 为噪声系数。

　　例题 1：如图 6-6 所示，已知接收天线输出口电平 $S_入 = 65 dB\mu V$，频道处理器噪声系数 $N_f = 8 dB$，频道处理器接无源混合器，求前端输出口载噪比 C/N=？

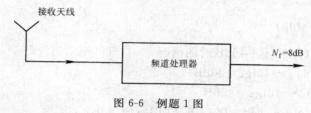

图 6-6 例题 1 图

　　解：$C/N = S_入 - N_f - 2.4 dB$
　　　　　$= (65 - 8 - 2.4) dB$
　　　　　$= 54.6 dB$

　　讨论：若接收天线输出口电平较低，例如 $S_入 = 50 dB$，情况怎样呢？

　　显然 $C/N = S_入 - N_f - 2.4 dB$
　　　　　$= (50 - 8 - 2.4) dB$
　　　　　$= 39.6 dB$

　　已知按国家标准规定有线电视系统载噪比为 43dB，一般分配给前端的按计算为 46dB。当天线输出口电平为 $65 dB\mu V$ 时，前端载噪比满足要求，还有 $(54.6 - 46) dB = 8.6 dB$ 余量。如果天线输出口电平为 $50 dB\mu V$，前端载噪比不能满足要求，还差 $(46 - 39.6) dB = 6.4 dB$，因此应该加入低噪声天线放大器。

　　如果天线输出口电平较低，需要加入低噪声天线放大器，这时射频信号要经过天线放大器和频道处理器两个环节，要将两个环节的总噪声系数求出后才能得到载噪比。

　　例题 2：如图 6-7 所示，天线输出口电平 $S_入 = 50 dB\mu V$，天线放大器噪声系数 $N_{f1} = 3 dB$，增益为 $G = 25 dB$，频道处理器噪声系数为 $N_{f2} = 8 dB$。求前端载噪比 C/N（单路）？

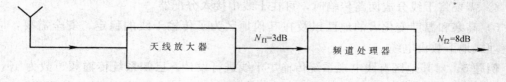

图 6-7 例题 2 图

解：先分别求出天线放大器和频道处理器输出端载噪比，然后将这两个环节的载噪比叠加。

$$(C/N)_天 = 50dB - N_{f1} - 2.4dB = 44.6dB$$

$$(C/N)_频 = (50+25)dB - N_{f2} - 2.4dB = 64.6dB$$

$$C/N = -10\lg(10^{-44.6/10} + 10^{-64.6/10}) = 44.5dB$$

从例题 2 知，当天线输出口电平为 50dBμV 时，加入天线放大器前端的载噪比为 44.5dB，提高了 5dB 左右，这是因为采用了低噪声天线放大器的原因，但即使这样，仍然不能满足前端载噪比 46dB 的要求。也就是说天线放大器输入口电平应有最小元件值，否则将不能达到系统载噪比的要求。

（4）A、V 通道载噪比　一般情况下，卫星电视接收机、录像机等设备图像信噪比都高于 46dB，国家标准规定调制器的信噪比最小为 46dB。

因为　$S/N = -10\lg(10^{\frac{-(S/N)_卫}{10}} + 10^{\frac{-(S/N)_调}{10}})$

考虑 $(S/N)_卫 = (S/N)_调 = 46dB$ 时的情况

$$S/N = (S/N)_卫 - 10\lg2 = 43dB$$

或 $S/N = (S/N)_调 - 10\lg2 = 43dB$

所以　$C/N = S/N + 6.4dB = (43+6.4)dB = 49.4dB$

（5）前端 CTB 值的计算　有线电视系统 CTB 要在各子系统中进行分配，各子系统指标与总指标间的数值关系为

$$(CTB)_z = (CTB)_n - 20\lg K \tag{6-4}$$

式中，$(CTB)_z$ 为子系统的 CTB 指标；$(CTB)_n$ 为全系统总 CTB 指标；K 为分配系数。

3. 同轴电缆干线的设计

以 550MHz 邻频系统为例。

干线传输系统设计要满足技术指标要求，如 C/N、CM、CTB 等指标；同时还要满足一般应遵循的设计原则或注意事项，如网络结构形式、干线的布置和路径选择、系统规模、用户分布情况等，然后绘制干线系统图并进行计算、验算和调整。

根据系统规模、用户密度及其分布状况，进行干线电缆和路径的选择，通常采用树枝形网络结构，考虑的原则要求如下：

1）干线的敷设应尽可能选择短而直的路径，以减少放大器的个数，节约电缆，降低工程造价。

2）传输干线应远离强电线路和干扰源敷设。

3）干线放大器一般设置在其增益刚好抵消前一段电缆损耗的位置，满足零增益设计。

4）需要将干线分成两路传输时，可在干线中接入分配器。

5）高寒和温度变化大的地区以及在其他地区为了传输干线的稳定、安全需要，应采用直埋式地下敷设电缆。

例题 3：对某地区有线电视系统传输主干线进行设计。已知系统传输频道数为 40，采用邻频系统，按国家标准干线系统分得指标为：C/N≥47dB；CM≥52dB；CTB≥57dB。干线最远传输距离为 5km，所选电缆 550MHz 时衰减量为 $\alpha_H = 5.09dB/100m$（20℃ 时），50MHz 处衰减量 $\alpha_L = 1.48dB/100m$（20℃ 时），所购干线放大器增益为 $G=26dB$。

按题中要求设计步骤如下：

1）首先根据例题所给条件计算干线放大器级联数 n，如图 6-8 所示。

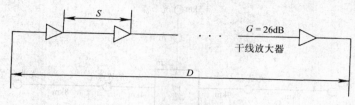

图 6-8 例题 3 图

干线放大器级联数

$$n = D/S \tag{6-5}$$

式中，D 为干线最长传输距离（m）；S 为间距（m）。

而

$$S = G/\alpha \tag{6-6}$$

式中，G 为放大器增益（dB）；α 为每 100m 电缆衰减量 [dB/（100m）]。

由式（6-6）得

$$S = 26dB/[5.09dB/(100m)] = 511m$$

取 $S = 500m$，代入式（6-5）

$$n = 5000m/500m = 10$$

所以，干线放大器的级联数为 10。

2）干线载噪比 C/N 的计算。

一般选多台干线放大器，具有相同型号、相同指标。

由公式

$$C/N = S_i - N_f - 2.4 - 10\lg n \tag{6-7}$$

式中，S_i 为放大器输入电平；N_f 为放大器噪声系数；2.4 为传输线路热噪声；n 为放大器级联数。

取 $S_i = 72dB\mu V$，$N_f = 7dB$，常温时 C/N = $(72 - 7 - 2.4)dB - 10\lg 10 = 52.6dB$；温度在 $-20 \sim 40^{\circ}C$ 范围变化时，都能满足 C/N$\geqslant$47dB 的指标要求。

3）级间均衡的计算

α_L 级间均衡量

$$\Delta E = (\alpha_H - \alpha_L)S$$

式中，α_H 为电缆在高频端的衰减常数；α_L 为电缆在低频端的衰减常数。

则 $\Delta E = (5.09dB/(100m) - 1.48dB/(100m)) \times 500m = 18dB$

4. 光缆干线的设计

光缆干线设计应首先考虑以下几方面：

（1）光节点布局 根据用户数和居住情况划分片区，一般按每个光节点服务 500 户设计，延长放大器的级联数用 1 至 3 级。

（2）选择光缆路由 光缆路由尽量短且考虑备用路由，做到易施工、省投资，尽量争取多纤共缆，减少光缆接头。

例如，如果需要设置 8 个光接收点（即光节点），那么根据光节点的方位和数量可绘制如图 6-9 所示的光缆干线路径图。

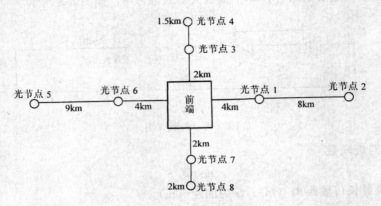

图 6-9 光缆干线路径图

（3）光纤用量的确定 一般安排 3 根光纤，一根主传信号通道，一根回传，一根备用，如图 6-10 所示。

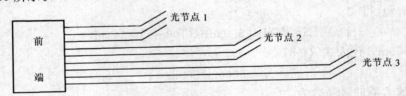

图 6-10 到各光节点的光缆芯数

（4）光功率分配 光缆路由确定后，可根据光链路构成计算光链路损耗。

如图 6-11 所示，可按下数值公式计算光链路损耗

$$A = \alpha L - 10 \lg K + 0.5 + 1.0$$

式中，α 为光纤的损耗常数，一般取 0.4（dB/km）；L 为光缆长度（km）；K 为光分路器的分光比；0.5 为光分路器的附加损耗；1.0 为光接收机活动连接器的插入损耗及光链路损耗余量。

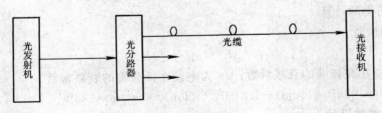

图 6-11 光链路构成

光接收机接收光功率的数值公式为

$$P_r = P_o - A \tag{6-8}$$

式中，P_o 为发射光功率（dB·mW）；A 为光链路损耗。

例题 4：如图 6-12 所示，OT 为光发射机，OS、OS_1、OS_2 为光分路器，OR_1、OR_2、OR_3、OR_4、OR_5 为光节点，已知光节点的光接收机功率为 -2dBmW，试计算此光缆干

线的光功率。

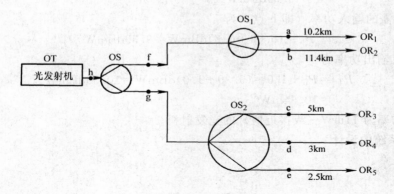

图 6-12 例题 4 图

对例题内容进行分析：

1）光纤损耗的计算。

$$F_1 = \alpha L = 0.4 \times 10.2 \text{dB} = 4.08 \text{dB}$$
$$F_2 = \alpha L = 0.4 \times 11.4 \text{dB} = 4.56 \text{dB}$$
$$F_3 = \alpha L = 0.4 \times 5 \text{dB} = 2.0 \text{dB}$$
$$F_4 = \alpha L = 0.4 \times 3 \text{dB} = 1.2 \text{dB}$$
$$F_5 = \alpha L = 0.4 \times 2.5 \text{dB} = 1.0 \text{dB}$$

2）各点光功率的计算。

dBmW 与 mW 的关系为：$P(\text{dBmW}) = 10 \lg P(\text{mW})$，即 $P(\text{mW}) = 10^{P(\text{dBmW}) - 10}$，则

a 点：$P_a = (-2 + 4.08 + 1.0) \text{dBmW} = 3.08 \text{dBmW} = 2.03 \text{mW}$

其中 1.0dB 为插入损耗及光链路损耗余量，下同。

b 点：$P_b = (-2 + 4.56 + 1.0) \text{dBmW} = 3.56 \text{dBmW} = 2.27 \text{mW}$

c 点：$P_c = (-2 + 2.0 + 1.0) \text{dBmW} = 1.0 \text{dBmW} = 1.25 \text{mW}$

d 点：$P_d = (-2 + 1.2 + 1.0) \text{dBmW} = 0.2 \text{dBmW} = 1.04 \text{mW}$

e 点：$P_e = (-2 + 1.0 + 1.0) \text{dBmW} = 0 \text{dBmW} = 1 \text{mW}$

$$P_{OS1} = P_a + P_b = (2.03 + 2.27) \text{mW} = 4.3 \text{mW} = 6.33 \text{dBmW}$$

$$P_{OS2} = P_c + P_d + P_e = (1.25 + 1.04 + 1.0) \text{mW}$$
$$= 3.29 \text{mW} = 5.17 \text{dBmW}$$

考虑光分路器附加损耗，对 $n=3$（或 2）均取 0.3dB（见表 6-2）。

表 6-2 光分路器附加损耗

分路数 n	2	3	4	5	6	7	8	9
附加损耗/dB	0.2	0.3	0.4	0.45	0.5	0.55	0.6	0.7

f 点、g 点光功率为

$$P_f = P_{OS1} + 0.3 \text{dB} = (6.33 + 0.3) \text{dBmW} = 6.63 \text{dBmW} = 4.6 \text{mW}$$

$$P_g = P_{OS2} = (5.17 + 0.3) \text{dBmV} = 5.47 \text{dBmW} = 3.52 \text{mW}$$

OS 输出的总光功率为

$$P_{OS} = P_f + P_g = (4.6 + 3.52)mW = 8.12mW$$
$$= 9.09dBmW$$

则 OS 所需的输入功率（即 h 点）为

$$P_h = (9.09 + 0.3)dBmW = 9.39dBmW$$

光发射机输出功率为

$$P_T = P_h + 1.0 = (9.39 + 1.0)dBmW = 10.39dBmW$$
$$= 10.94mW$$

即选用功率为 11mW（或接近值）的光发射机。

5. 分配系统的设计

参见第五章。

小 结

1. 本章内容是在学完前述几章基础上制定网络规划和工程技术方案并进行网络设计，掌握设计方法。

2. 本章涉及的技术参数有载噪比、系统输出口电平、频道内幅特性度等。

3. 本章网络设计包括前端系统设计、传输主干线设计（同轴电缆干线、光缆干线）和分配网络设计，这是网络设计的基础，要求基本掌握。

思 考 题

6-1 网络总体规划和工程技术方案各包含哪些内容？

6-2 哪些技术指标是靠系统设计来保证的？

6-3 进行前端系统设计主要涉及哪些技术指标？

6-4 前端系统接收某频道信号场强较弱，天线引下线输出端电平为 $55dB\mu V$，天线放大器的噪声系数为 3dB，增益为 26dB，试计算天线放大器输出口的载噪比 C/N＝？

6-5 某地区有线电视系统传输频道数为 40，最远干线传输距离为 3km，干线分配指标为 C/N ≥ 47dB（K＝0.25）；CTB ≥ 57dB（K＝0.5），试采用同轴电缆设计传输系统。

6-6 有线电视系统的 CTB 值为 54dB，前端系统分配系数为 K＝0.2，试求前端系统的 CTB_z＝？

6-7 图 6-13 所示为某光缆干线，仿照本章例题进行光缆干线网络设计，光接收机功率为 -2dBmW 时，计算光发射机 OT 的功率 P_T。

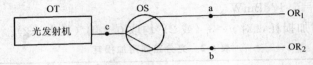

图 6-13 思考题 6-7 图

第七章 现代 CATV 技术（选用）

随着信息技术的迅猛发展，有线电视网由传统的同轴电缆向光缆电视网过渡。但目前光纤到家（Fiber To The Home——FTTH）成本太高，因此通常采用主干线传输用光纤、分配网络用同轴电缆，即光纤同轴电缆混合网络（Hybrid Fiber Coax——HFC）。基于HFC 的有线电视网具有频带宽、传输节目套数多、图像质量好、可扩展多种业务等方面的优势，将从只播送广播电视向综合业务发展，即有广播电视又有付费电视、节目点播、电话、数据传输等业务。因此，今后有线电视网将朝着多功能有线电视网、电信网和计算机网"三网合一"的宽带双向综合服务网的方向发展，成为信息化社会的重要组成部分。

第一节 有线电视的加扰和解扰技术

随着经济的发展，广大电视观众的欣赏水平和要求不断提高，电视台需要扩展多种业务，如远程教育、视频点播、数字电视、综合信息服务等。不断更新技术装备，"付费电视"是解决这一问题的方法。

一、付费电视

付费电视是指在有线电视系统中应用"加密"技术，用户缴费后才能收看的电视。也就是有线电视发送端对电视信号进行技术处理（即加密）后传送，用户与电视台签订合同，缴费后使用解扰器才能收看节目，如图 7-1 所示。

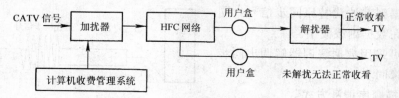

图 7-1 有线电视系统加扰和解扰示意图

有线电视"加扰"是 CATV 系统的发送端改变标准电视信号的特性，以防止非授权用户接收到清晰的图像和伴音。所谓"解扰"就是利用解扰器将"加扰"电视信号还原为标准电视信号，而授权用户安装上解扰器便可收看加扰电视节目。

二、有线电视信号加扰和解扰技术

1. 视频倒相方式

这种方式是把图像信号的相位颠倒以后进行传送。正常的电视信号波形和加扰后的波形对比如图 7-2 所示。未经解扰收到的图像是黑白反转，亮的地方变暗，暗的地方变亮，故不能显示出正常的图像。

这种方式解扰时只要将被颠倒的视频信号倒过来即可。

2. 叠加干扰波方式

这种方式是把正弦波或方波信号作为干扰信号叠加到视频信号上,对图像信号起干扰作用。如:将与行同步信号频率相同的正弦波叠加到视频信号上,从而使图像信号幅度超过行同步信号幅度,如图7-3所示。

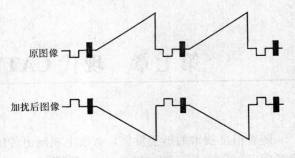

图 7-2 视频倒相加扰波形

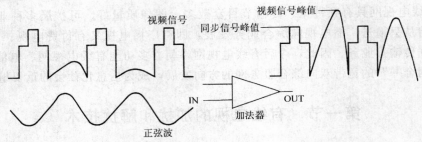

图 7-3 正弦波加扰原理

这样,用户接收时电视机的同步分离电路无法分离出正常的同步信号,产生行不同步,不能正常收看。

其解扰方法是在解扰器中加入一个幅度合适、相位与加扰波相反的信号,将视频信号还原至未加扰时的正常情况,使电视机能分离出行同步信号就能正常收看图像。

3. 同步代换

同步代换是目前用得较多的视频加扰方法,它是将视频信号中的行同步或帧同步脉冲信号用非标准的信号波形代换。如图7-4所示,用数据副载波代替原同步信号,同步信号包含在数据副载波中。

解扰时可采用数据解调器解调出同步信号,使图像同步。

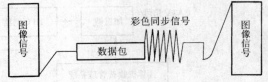

图 7-4 同步代换示意图

4. 行扫描顺序搅乱方式

这种方式是搅乱行扫描线的排列顺序,使接收端的行顺序和发送端不同序。电视的每一幅图像都是由575条水平扫描线组成,按顺序自上而下排列,若使其在屏幕中的上下位置发生变动,破坏画面正常组合,就可以实现加扰,如图7-5所示。

解扰时,解扰器将接收到的视频信号先转化为数字信号,以一行为单位存储在存储器内,由前端授权系统将授权信息按地址送到解扰器的权利参数解码器。解扰器收到授权信息后恢复原电视信号行顺序,再经数模转换成模拟电视信号,滤除杂波完成解扰,这样授权用户可以正常收看。

5. 行切割分段交替位置方式

加扰时将每一行扫描线分成8段,使用二进制编码,发送时将编码顺序打乱,如图

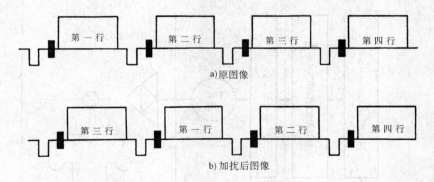

a)原图像

b)加扰后图像

图 7-5　原图像和加扰后图像

7-6所示；解扰时由前端授权系统将授权信息通知解扰器，解扰器从存储器中取出相应线段还原为原行线段的排列顺序，从而完成解扰，用户就能正常收看了。

　　以上是现阶段常用的几种基本加扰方法，而数字压缩的全数字加解扰技术是一种更新的、具有巨大发展前途的新技术。在卫星电视广播中，即有加扰又具有节约转发器数量的作用，应用于有线电视的数字电视传输和加解扰方面具有相当的优势。

　　数字压缩的全数字加解扰技术的特点如下：

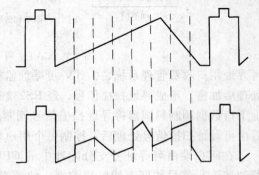

图 7-6　行切割分段分替位置方式示意图

　　1）数字压缩具有信号质量好，无失真积累、易加扰、功耗低、多功能等优点。VOD、HDTV 等方面都提出了数字压缩问题，而卫星传送 1 套模拟电视节目的带宽就可以传送10 套数字电视节目，而适合运动图像数据压缩的国际标准 MPEG—2 为数字压缩提供了技术保证，现阶段应用于 CATV 系统的成本也较低了。

　　2）CATV 系统中使用数字压缩加解扰技术是 CATV 加解扰技术的飞跃，具有破译难度大、授权密码隐匿性好的特点。

三、有线电视加解扰系统的应用

1. 可寻址加解扰系统

　　可寻址付费系统采用计算机寻址技术与电视信号加密技术，具有性能可靠、保密性强等优点。

　　（1）实现的功能

　　1）计算机寻址控制。

　　2）通过可寻址分支、分配器（智能分支、分配器）寻址，并控制每个用户端信号的开关。

　　3）用户管理，即对用户资料和收费进行管理。

　　（2）系统组成　　CATV 可寻址收费系统组成框图如图 7-7 所示。

　　（3）基本工作原理　　寻址及收费系统基于中文 WindowsXP（或更高版本）操作平台，集

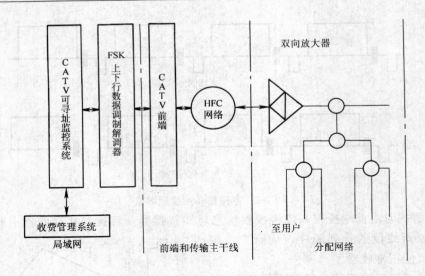

图 7-7　CATV 可寻址收费系统组成框图

可寻址用户收费管理系统、CATV 可寻址监控系统、用户地址编码软件为一体,将收费信息处理后加密,形成寻址扫描信号,经 RS232 通信口输送至 FSK 上下行数据调制解调器。FSK 上下行数据调制解调器将寻址扫描信号调制到一定频率,由前端混合器送入 HFC 网络,最后由可寻址扫描信号处理后,控制每个用户端信号开关,从而达到有偿服务的目的。

在用户端由可寻址分支分配器中的 CPU 检测出用户电平,然后由内置上行调制解调器制成上行信号传回有线电视前端,使前端得到回传信息。

这种系统对未缴费用户有多种控制方式:

1) 电平衰减方式,射频电平衰减 30~40dB。

2) 电视图像加扰。

3) 暂时或临时授权。

2. 不可寻址加解扰系统

这种系统是通过一张信息卡达到加解扰的目的,用户的收费频道、交费金额、每个频道的收费标准及加密等情况记录在一张卡上,已付费用户将卡插入解扰器,即可正常收看。若所交费用用完就无法正常收视,只有重新交费后才能继续收看。

(1) **系统组成**　不可寻址加解扰系统组成框图如图 7-8 所示。

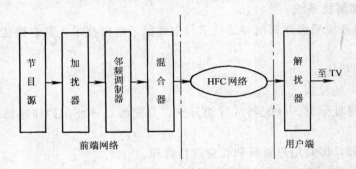

图 7-8　不可寻址加解扰系统组成框图

（2）基本工作原理　由系统组成框图可知，节目源信号先送入加扰系统进行加扰。加扰系统由加扰器、加扰指令发生器和计算机组成，如图 7-9 所示。在计算机控制下，加扰指令发生器发出的加扰指令对加扰器中的视频信号进行加扰处理。加扰器输出的加扰视频信号与在场逆程中传送的加扰指令一起送入邻频调制器，经调制后输出。

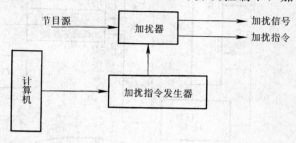

图 7-9　加扰系统组成框图

加扰电视信号的解扰通过解扰器和信息卡完成。在场逆程中传送的加扰指令送入解扰器后进行处理，与信息卡送来的信息比较，若用户已交费，发出解扰指令，使加扰视频信号还原，用户正常收看；若用户未交费，解扰器不发出解扰指令，用户无法正常收看。

（3）特点　不可寻址加解扰系统具有安全性高、成本低、收视率统计方便等特点。

第二节　双向有线电视系统

近几年来，有线电视迅猛发展，容量、规模和功能越来越完善，给用户带来更多的服务内容，CATV 传输技术也由单向传输向双向传输发展。

一、双向有线电视系统

1. 双向有线电视的概念

所谓双向有线电视是指可以满足用户提出的双向通信服务的要求，具有灵活多样、功能齐全的特点。

双向有线电视用户既接收有线电视信号，也可以把用户连接到网络上，用户的信息可以传给其他用户或前端。

2. 双向有线电视传输信息内容

1）电视图像和声音的上传、下传。

2）计算机及数据通信。

3）付费电视及收视调查。

4）家庭电子购物等。

5）股市信息、新闻图片等。

二、双向有线电视系统组成

双向有线电视系统如图 7-10 所示，通常把前端传向用户的信号叫下行信号，把用户端传向前端的信号叫上行信号。双向传输的关键是如何把上、下行信号相分离，一般采用以下三种方式。

1. 空间分割方式

如图 7-11 所示，它用两条独立的传输线来分别传输下行信号和上行信号，因此上、

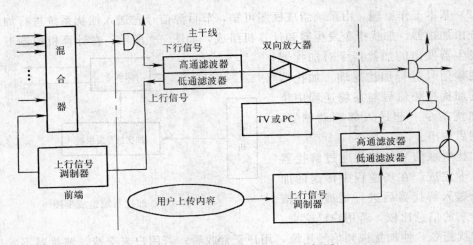

图 7-10 双向有线电视系统组成框图

下行信号在空间上互不相干，故称空间分离方式。若采用光缆，取用其中一芯作为传送上行信号是非常简便的。

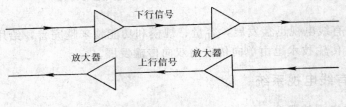

图 7-11 空间分割方式

这种方式的优点是技术简单，分路传输不存在上、下行信号的相互干扰。

2. 时间分割方式

利用时分复用方式，如图 7-12 所示。

这种技术将上、下行信号分离，即把系统传输信号划分为若干时段，分时交替传送上行和下行信号。下行传输时，开关 1 和 2 闭合，而开关 3 和 4 打开；上行传输时，开关 1 和 2 打开，而开关 3 和 4 闭合。

3. 频率分割方式

这是常采用的方式，规定 5 ～ 30MHz 为上行信号传输频段，48 ～ 800MHz 为下行信号传输频段。因此低

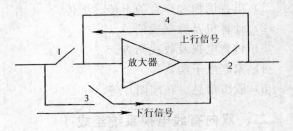

图 7-12 时间分割方式

通滤波器对上行信号是畅通的，对下行信号是阻塞的，高通滤波器则反之，通下行阻上行。高、低通滤波器的频率特性起到了上、下行信号双向传输与分离的作用，如图 7-13 所示。这种方法的优点是技术简单成熟。

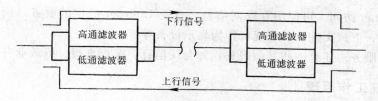

图 7-13 频率分割方式

第三节 交互电视网

一、交互电视网的概念

随着现代信息技术的迅速发展，目前交互式电视与多媒体技术成为人们关注的热点。交互式有线电视包括点播电视（VOD）和全交互电视。视频点播使人们在家里即可点播他们想看的电影、文艺节目等，而全交互电视实际上是对称双工通信方式，信息中心能及时对用户随时提出的要求进行应答。信息包括文字、数据、声音、图像等，例如电子购物、银行服务、多媒体教学等。交互电视（Interactive Television，简称 ITV）迅速成为信息化社会中最热门的话题之一，它改变了人们被动接收电视信息的传统方式，是一种受用户控制的电视技术，建立在"选择权在用户"这一新观念上，属于无碟化影视系统。

二、交互电视系统组成

交互电视系统由传输网络、多媒体计算机、节目存储装置和控制装置等设备组成，在用户家中只需一台电视机和一个点播器（遥控器），如图 7-14 所示。

显然，用户可随时查询系统存储器中的节目，从中选择自己所需的内容，并可指定播放时间，可进行选择、取消、开始、停止、暂停、快进、倒退、预览、收费显示等操作。

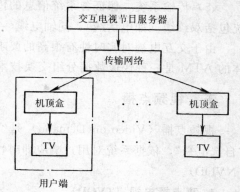

图 7-14 交互电视系统组成框图

三、功能

（1）影视点播

（2）TV 节目列表　用户可以选择安排的节目，通过节目列表进一步查询其他信息（如：演员、制作、时间等）。

（3）卡拉 OK 服务　用户位于不同地方，都能从服务提供者给出的目录中选择歌曲，并可自由控制音量高低或节奏快慢。

（4）远程购物（或称电子购物）　用户可以在家中查阅商品目录，订购商品。

（5）新闻点播　用户可选择新闻类别，如国际新闻、国内新闻、天气预报、体育新闻等。

（6）游戏

（7）Internet访问　可使用互联网信息，享受Internet提供的服务，例如发送电子邮件、访问网站、下载文件、以电视机作为显示设备等。

（8）其他服务　还有一些其他服务，如会议信息、医疗支援、行政业务、订票等等。

四、系统工作原理

在实际应用中，一个真正的交互电视系统可以分为以下5个子系统，如图7-15所示。

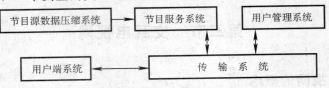

图7-15　交互电视系统结构

（1）节目源数据压缩系统　它提供系统所需的内容包括：图像、声音、交互式视频（如教育、游戏等）、新闻等，既可在用户电视上显示/播放，也可以通过计算机回放。

使用数据压缩可使有限空间存储更多信息。目前使用的压缩技术主要有：Intel/IBM DVI、可视电话会议电视的H—261标准、VCD/DVD的MPEG标准等。

（2）交互电视节目服务系统　由一组服务器构成，完成用户提出的诸如应用服务、网关服务、流服务、文件服务、下载服务等。

（3）用户端系统　主要指用户端，即机顶盒或具有视频回放功能的台式计算机。机顶盒完成数字信号的解压和返回信号的处理。

（4）用户管理系统　完成加密和记账，对用户资料进行管理。

（5）传输系统　保证各系统信息的传输，包括音频、视频、控制信息的传输。传输系统包括双绞线（如电话线）、同轴电缆、光缆、卫星和微波网络等。

由于交互电视对实时性有很高的要求，融现代通信技术与多媒体计算机网络技术于一体的ATM是一种快速数据分组交换技术，具有较好效果。

五、视频点播

视频点播（Video on Demand）是交互式电视业务中的一种，也叫"点播电视"或"自选电视"，依据系统对用户响应即时性不同可分为真点播电视（TVOD）和准点播电视（NVOD）。

1. 真点播电视（TVOD）

真点播电视（TVOD）系统对视频服务器的处理能力和网络带宽都有极高的要求，实际应用较少。因为拷贝是经点到点连接方式送给每一用户的，所以十分庞大复杂的视频服务器和宽带交换网需要较高成本。它的最大特点是要求和电视交互的请求都能得到即时响应。例如：下午6：00～9：00属于高峰期，有成百上千个请求达到同一部电影或电视片，且每个只相差几秒。这就意味着（TVOD）系统在一个给定时间段内（仅仅1～2s）要能产生成百上千个流。因此，系统成本太高的TVOD投入实际使用的较少。

2. 准点播电视（NVOD）

准点播电视是TVOD的替代物，对用户的响应是非即时性的，有一个短暂的延迟。

它的特点是要求从选择节目到发送节目有一个适当的、习惯的响应时间，这个响应时间间隔可以在几秒至几分钟之间。在此时间间隔向用户发送存储资料、广告等，从而减轻服务器的装载，降低系统成本。

（1）NVOD 系统分类　采用有线电视网下行、电话网上行的 NVOD 系统；通过 AD-SL 技术，上、下行通道均采用电话网的 NVOD 系统；局域网（或 Internet 网）上的 NVOD 系统。

（2）有线电视网下行和电话网上行的 NVOD 系统　其优点是在单向有线网尚未改造为双向网之前，即可实现 NVOD 业务，成本低。

（3）双向有线电视网上的 NVOD 系统　通过对有线电视网的改造，实现双向传输，具有巨大的优越性，其系统结构如图 7-16。

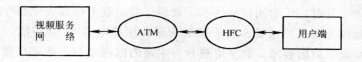

图 7-16　NVOD 系统结构

将图 7-16 中 HFC 网换为 ADSL 网络，则成为电话网上的 NVOD 系统。这种形式的 NVOD 业务，更经济、合理和完善。这种系统上、下行通道均采用电话网，通过 ADSL 技术使电话网焕发了新的青春。ADSL 是非对称数字用户线系统，仍利用现有铜线提供服务，使落后地区得到先进服务。

（4）局域网上的 NVOD 系统　在局域网 Internet、Intrunet 网上也可实现 NVOD 系统，但由于网络和服务器带宽受限制，图像质量（如图像大小、幅频）也受限制。

综上所述，双向有线传输 NVOD 系统具有巨大潜力。

小　结

1. 本章主要内容有：有线电视的加扰和解扰技术、双向有线电视系统和交互电视网等内容。

2. 本章介绍了有线电视的多种业务及付费电视的概念；重点阐述了有线电视加扰和解扰的原理；简要介绍了数字压缩的全数字加解扰技术；要求掌握双向有线电视系统的概念和组成，理解交互式电视网的概念。

思　考　题

7-1　什么是付费电视？什么是加扰和解扰？

7-2　常用的加扰方式有哪些？

7-3　什么是双向有线电视？双向传输主要有哪几种？

7-4　什么是交互式电视？

7-5　什么是真点播电视（TVOD）和准点播电视（NVOD）？

第八章　有线数字电视系统

第一节　有线数字电视的基础知识

数字化是一场全世界范围的新技术革命，是广播电视发展的必然趋势。数字电视是从节目摄制、编辑、发射、传输到信号接收、处理、显示整个过程完全数字化的系统，图像的清晰度为现有模拟电视的数倍，而信息量为现有模拟电视的 10 多倍，在技术上可以达到同时播出 500 套节目的容量。数字电视具有丰富的电视节目、数字广播、阳光政务、资讯服务、互动游戏等功能。目前，我国的广播电视已经在制作、播出、传输环节实现了数字化，用户的模拟接收端已经成为影响广播电视数字化的瓶颈。有线电视的数字化就是将模拟用户整体转换为数字用户，进而成为国家信息化、社会信息化、城市信息化、家庭信息化的重要标志。

一、有线数字电视的特点

有线数字电视是一项全新的有线电视服务系统，它将传统的模拟电视信号经过采样、量化、编码转化成二进制数字信息，并进行传输、存储、处理和记录；也可直接处理数字电视信号，经过有线电视网络传输，通过机顶盒接收、解码转换成 AV 信号。它具有如下特点：

1）可以大大增加节目容量。现有的频道资源得到极大的拓展，节目容量可以达到 500 套，能够提供丰富多彩的节目。

2）可以大大提高节目质量。能够提供更加清晰的图像和更加优美的音乐，用户可以享受到高清晰度电视节目和电影院的音响效果。

3）可以大大丰富服务内容。使用户在享受广播电视服务的同时，还能够享受到如股票、生活服务、市政公告、天气预报、交通信息等各种资讯服务。

4）可以大大满足个性化需求。使用户能够按照自己的需要，点播自己想看的电视节目，可以享受如在线游戏、短信等多种交互式点对点的娱乐和信息等服务。

二、有线数字电视系统的组成

有线数字电视系统一般由数字模拟混合前端、光纤干线传输网络、同轴电缆用户分配系统三大部分组成。数字模拟电视信号采用一定的数字混合后，经放大后供给光发射机，电信号经光发射机转变为光信号，再经光分路器送入光缆。在接收端由光接收机转变为电信号，送入同轴电缆分配系统，最后传送至用户。有线数字电视系统各部分常用的设备包括：数字卫星接收机、编码器、复用器、数字数据广播器、QAM 调制器、准视频点播服务器、条件接收系统、用户管理系统、节目管理系统、有线传输网络、用户机顶盒等。有线数字电视系统的组成如图 8-1 所示。

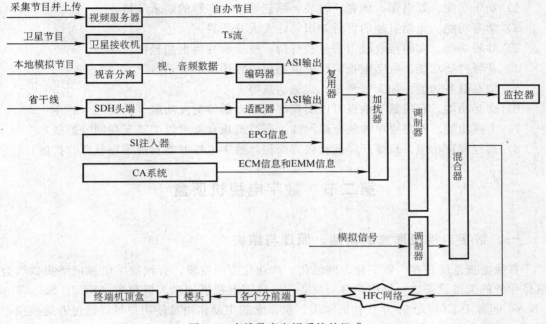

图 8-1 有线数字电视系统的组成

数字卫星接收机将从卫星上接收到的国内、外数字卫星节目信号进行 QPSK 解调，输出标准的数字电视节目信号。编码器对模拟的音、视频节目信号按 MPEG—2 的标准进行数字化编码，产生标准的数字电视节目传输流。复用器将多个标准的数字电视节目传输流复合为一个数字传输流，实现一个物理电视频道上传输 4～8 路数字电视节目。数字数据广播器将多种格式的数据转换为 MPEG—2 格式的数据包，然后，可对多个数据流复合为一个数据流在 CATV 网上传输。QAM 调制器主要是对经过信道编码和复用后的数字电视信号进行调制，使其具有很高的抗干扰能力，便于在有线电视网络中传输。准视频点播服务器包括标准的 DVB 编码工作站、多数字节目的软件复用、节目存储和多频道播出软件等。条件接收系统对广播的数字节目和数据进行加密，从而实现数字电视的付费功能。用户管理系统完成对用户档案信息、用户收视信息、银行收费系统和用户结算及授权信息的管理。用户管理系统实现服务提供、最终用户反馈和统计记录以及用户智能寻址和收费管理等。节目管理系统用来接收所有来自内容和服务提供商的信息源，将不同信息源（数据库、Internet、其他应用）和不同格式（文本、比特流、图像）的信息转换为符合 DVB/DDB 结构支持的服务或页面，按照节目要求的页面格式进行编辑，并对这些信息进行相应的包装和分配。用户机顶盒（STB）是数字有线电视信号的终端接收装置，它将从电缆传来的调制在高频上的信号经过同步解调，还原为基带信号，再经过接收端的解码，还原成未压缩前的多个频道的数据信号送入电视机供用户观看。在双向 CATV 网络中，数字机顶盒可以支持几乎所有的广播和交互式多媒体应用，包括收看普通电视节目、数字加密电视节目、点播多媒体节目和信息、电子节目指南（EPG）、收发电子邮件、互联网浏览、网上购物、远程教育等。

有线数字电视系统可以实现如下功能：

1）娱乐功能。如电影、体育、时装、综艺等丰富多彩的娱乐节目。

2）学习功能。生动有趣的百科知识，让人大开眼界。

3）炒股功能。实时接收股市信息和行情，使炒股变得更加轻松。

4）音频广播功能。数字电视同样可以播出美妙动听的音乐。

5）信息服务功能。如天气预报、交通信息等。

6）交互功能。有线数字电视可以实现准视频点播等交互功能（扩展）。

7）上网功能。不需要单独的专用网线，通过机顶盒就可以浏览互联网（扩展）。

8）远程教育功能。只要开辟远程教育课程，数字电视就能实现远程教育（扩展）。

第二节　数字电视机顶盒

一、数字电视机顶盒的功能、原理与结构

有线电视系统正在向数字化、网络化、产业化方向发展，有线数字电视网络提供综合信息业务的关键设备之一是用户终端设备——数字电视机顶盒。机顶盒（STB：Set - Top - Box）起源于 20 世纪 90 年代初的欧美。机顶盒的主要作用是使用户可以通过普通模拟电视机收看数字电视节目或数字高清晰度电视节目。这种机顶盒被称为数字电视机顶盒。根据传输媒体的不同，数字电视机顶盒又分为数字卫星机顶盒（DVB - S）、地面数字电视机顶盒（DVB - T）和有线数字电视机顶盒（DVB - C）三种，这三种机顶盒的硬件结构主要区别在解调部分。

1. 数字电视机顶盒的概念

对于机顶盒，目前没有标准的定义，传统的说法是："置于电视机顶上的盒子"。数字电视机顶盒是一种将数字电视信号转换成模拟信号的变换设备，它对经过数字化压缩的图像和声音信号进行解码还原，产生模拟的视频和音频信号，通过电视显示器和音响设备给观众提供高质量的电视节目。目前的数字电视机顶盒已成为一种嵌入式计算机设备，具有完善的实时操作系统，提供强大的 CPU 计算能力，用来协调控制机顶盒各部分硬件设施，并提供易于操作的图形化的用户界面，多功能有线电视的节目指南以及图文并茂的节目介绍和背景资料。同时，机顶盒具有"傻瓜计算机"能力，这样通过内部软件功能和对网络稍加进行双向改造，很容易实现如互联网浏览、视频点播、家庭电子商务、电话通信等多种服务，可谓一网打天下。

数字电视机顶盒是信息家电之一，利用有线电视网络作为传输平台，电视机作为用户终端，以提高现有电视机的性能或增加其功能。它是一种能够让用户在现有模拟电视机上观看数字电视节目，并进行交互式数字化娱乐、教育和商业化活动的消费类电子产品。

2. 数字电视机顶盒的功能

数字电视机顶盒的基本功能是接收数字电视广播节目，同时具有所有广播和交互式多媒体应用功能。事实上，机顶盒可以支持几乎所有的广播和交互式多媒体应用，如数字电视广播接收、电子节目指南（EPG）、准视频点播（NVOD）、按次付费观看（PPV）、软

件在线升级、数据广播、Internet 接入、电子邮件、IP 电话和视频点播等。下面是数字机顶盒的部分应用功能简介。

（1）电子节目指南（EPG） 它为用户提供一种容易使用、操作界面友好、可以快速访问用户需要的节目的操作方式，用户可以通过该功能看到一个或多个频道甚至所有频道上近期将播放的电视节目。

（2）高速数据广播 它能为用户提供股市行情、票务信息、电子报纸、热门网站等各种信息服务。

（3）软件在线升级 它可看成是数据广播的应用之一。数据广播服务器按 DVB 数据广播标准将升级软件广播出去，机顶盒能识别该软件的版本号，在版本不同时接收该升级软件，并对保存在存储器中的软件进行更新。

（4）互联网接入和电子邮件 数字机顶盒可通过内置的电缆调制解调器方便地实现互联网接入功能。用户可以通过机顶盒内置的浏览器上网，发送电子邮件。同时机顶盒也可以提供各种接口与 PC 相连，使用 PC 接入互联网。

（5）支持交互式应用 如：视频点播、互动游戏等。

（6）条件接收 条件接收的核心是加扰和加密，数字机顶盒应具有解扰和解密功能。

3. 数字电视机顶盒的原理与结构

数字电视机顶盒接收从各种传输介质传输来的数字电视信号和各种数据信息，通过解调、解复用、解码和音视频编码（或者通过相应的数据解析模块），在模拟电视机上观看数字电视节目和各种数据信息。以有线数字电视机顶盒为例，其工作原理如下：有线数字电视机顶盒接收数字电视节目、处理数据业务和完成多种应用的解析。信源在进入有线电视网络前完成两级编码，一级是传输用的信道编码，另一级是音、视频信号的信源编码和所有信源封装成传输流。与前端相对应，接收端机顶盒首先从传输层提取信道编码信号，完成信道解调；其次是还原压缩的信源编码信号，恢复原始音、视频流，同时完成数据业务和多种应用的接收、解码。

根据接收数字电视广播和互联网信息的要求，一个数字电视机顶盒的硬件结构由信号处理（信道解码和信源解码）、控制和接口等几大部分组成。机顶盒的结构图如图 8-2 所示。

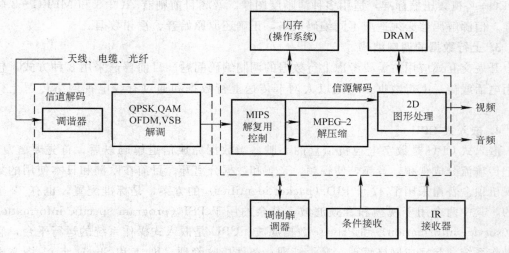

图 8-2 数字电视机顶盒的结构图

机顶盒从功能上看是计算机和电视机的融合产物，但结构却与两者不同，从信号处理和应用操作上看，机顶盒包含以下层次：①物理层和连接层：包括高频调谐器，QPSK、QAM、OFDM、VSB解调，卷积解码，去交织，里德—索罗门解码。②传输层：包括解码复用，它把传输流分成视频、音频和数据包。③节目层：包括MPEG—2视频解码，MPEG/AC—3音频解码。④用户层：包括服务信息，电子节目表，图形用户界面（GUI），浏览器，遥控，条件接收，数据解码。⑤输出接口层：包括模拟视音频接口，数字视音频接口，数据接口，键盘，鼠标等。

数字电视机顶盒的工作过程大致如下：高频头接收来自有线网的高频信号，通过QAM解调器完成信道解码，从载波中分离出包含音、视频和其他数据信息的传送流（TS）。传送流中一般包含多个音、视频流及一些数据信息。解复用器则用来区分不同的节目，提取相应的音、视频流和数据流，送入MPEG—2解码器和相应的解析软件，完成数字信息的还原。对于付费电视，条件接收模块对音、视频流实施解扰，并采用含有识别用户和进行记账功能的智能卡，保证合法用户正常收看。MPEG—2解码器完成音、视频信号的解压缩，经视频编码器和音频D/A变换，还原出模拟音、视频信号，在模拟彩色电视机上显示高质量图像，并提供多声道立体声节目。

二、数字电视机顶盒的主要技术

信道解码、信源解码、上行数据的调制编码、嵌入式CPU、MPEG—2解压缩、机顶盒软件、显示控制和加解扰技术是数字电视机顶盒的主要技术。

1. 信道解码

数字电视机顶盒中的信道解码电路相当于模拟电视机中的高频头和中频放大器，调谐范围更大，包含卫星频道、地面电视接收频道、有线电视增补频道。根据DTV目前已有的调制方式，信道解码应包括QPSK、QAM、OFDM、VSB解调功能。

2. 信源解码

模拟信号数字化后，信息量激增，必须采用相应的数据压缩标准。数字电视广播采用MPEG—2视频压缩标准，适用多种清晰度图像。音频目前则有AC—3和MPEG—2两种标准。信源解码器必须适应不同编码策略，正确还原原始音、视频数据。

3. 上行数据的调制编码

开展交互式应用，需要考虑上行数据的调制编码问题。目前普遍采用3种方式，包括采用电话线传送上行数据，采用以太网卡传送上行数据和通过有线电视网络传送上行数据。

4. 嵌入式CPU

嵌入式CPU是数字电视机顶盒的心脏。当数据完成信道解码以后，首先要解复用，即把传输流分成视频、音频，使视频、音频和数据分离开。目前在欧洲和日本使用的数字电视机顶盒普遍采用了32个PID（packet identifier）的方案，是标准配置，也有32个以上的，其中两个用于视频和音频滤波，其余的用于PSI（program specific information）、SI（service information）和Private数据滤波。CPU是嵌入式操作系统的运行平台，它要和操作系统一起完成网络管理、显示管理、条件接收管理（IC卡和Smart卡）、图文电视解码、数据解码、OSD、视频信号的上下变换等功能。为了实现这些功能，必须在普通 32～64 位 CPU 上扩展许多新的功能，并不断提高速度，以适应高速网络和三维游戏的要求。

5. MPEG—2 解码

MPEG—2 是数字电视中的关键技术之一，目前实用的视频数字处理技术基本上是建立在 MPEG—2 技术基础上。MPEG—2 包括从网络传输到高清晰度电视的全部规范。MPEG—2 图像信号处理方法分运动预测、DCT、量化、可变长编码 4 步完成，电路是由 RISC 处理器为核心的 ASIC 电路组成。

MPEG—2 解压缩电路包含视频、音频解压缩和其他功能。在视频处理上要完成主画面、子画面解码，最好具有分层解码功能。OSD 是一层单色或伪彩色字幕，主要用于用户操作提示。

在音频方面，由于欧洲 DVB 采用 MPEG—2 伴音，美国的 ATSC 采用杜比 AC—3，因而音频解码要具有以上两种功能。

6. 数字电视机顶盒软件

电视数字化后，数字电视技术中软件技术占有更为重要的位置。除了音、视频的解码由硬件实现外，包括电视内容的重现、操作界面的实现、数据广播业务的实现，直至机顶盒和个人计算机的互联以及和 Internet 的互联都需要由软件来实现。

7. 加解扰技术

加解扰技术用于对数字节目进行加密和解密。其基本原理是采用加扰控制字加密传输的方法，用户端利用 IC 卡解密。在 MPEG 传输流中，与控制字传输相关的有 2 个数据流：授权控制信息（ECMs）和授权管理信息（EMMs）。由业务密钥（SK）加密处理后的控制字在 ECMs 中传送，其中包括节目来源、时间、内容分类和节目价格等节目信息。对控制字加密的业务密钥在授权管理信息中传送，并且业务密钥在传送前要经过用户个人分配密钥（PDE）的加密处理。EMMs 中还包括地址、用户授权信息，如用户可以看的节目或时间段，用户应付的收视费等。

用户个人分配密钥（PDK）存放在用户的智能卡（Smart Card）中。在用户端，机顶盒根据节目影射表（PMT）和条件访问表（CAT）中的条件访问描述因子（CA—descriptor），获得 EMM 和 ECM 的 PID（包标志符）值，然后从 TS 流中过滤出 ECMs 和 EMMs，并通过 Smart Card 接口送给 Smart Card。Smart Card 首先读取用户个人分配密钥（PDK），用 PDK 对 EMM 解密，取出 SK，然后利用 SK 对 ECM 进行解密，取出控制字（CW），并将 CW 通过 Smart Card 接口送给解扰引擎，解扰引擎利用 CW 就可以将已加扰的传输流进行解扰。

第三节 有线数字电视系统的用户管理

我国有线数字电视技术新体系主要由节目平台、传输平台、服务平台、监管平台组成。节目平台的主要任务是：在提供基本节目的同时，提供付费标准清晰度电视节目、高清晰度电视节目、交互式电视节目和数据业务以及数字广播节目等；将各个节目频道集成播出，加入相应的节目信息，经传输加密后，送入传输平台。监管平台的主要任务是：从服务平台获取用户管理数据、IC 卡数据、产品订购数据；从 CAS 获取产品授权数据；从银行获取结算数据；为参与有线数字电视运营的各方提供相关管理信息；监督有线数字电视码流的规范性和合法性、服务平台 SMS 与监管平台接口的规范性；监管各平台的运营范围。服务平台的主要任务是：在有线电视分配网前端将各节目平台的数字节目与本地节目集成在一起，根据各节目服务信息，生成完整的服务信息和电子节目单，经过本地加密后送入分配网；按照用户订购单给用户机顶盒授权开通节目；向节目平台和监管平台提供相关用户管理信息；负责本地网技术维护、服务用户、管理用户、发展用户、开拓市场。

一、用户管理系统的主要功能

数字电视用户管理系统包括用户管理、终端管理、节目管理、计费与账务管理、统计与报表管理、系统管理六个模块，它是数字电视业务正常开展的保证。用户管理系统提供了与银行联网的标准接口，可实现与现有的标准 CA 系统互联。

系统六个模块的详细功能如下：

（1）用户管理　负责用户、IC 卡、机顶盒以及用户预订节目信息的管理与维护，能够对所有用户进行分区管理，并可根据具体情况将用户分为集团用户、酒店用户、一般用户等不同类别。

（2）终端管理　对各种用户终端，包括 IC 卡、机顶盒等进行统一的管理；将用户终端分为多个状态，如：发放、未发放、作废、回收、测试等，以便有线电视台对用户终端实施灵活的管理。

（3）节目管理　管理所有数字电视节目信息，提供节目编排、节目菜单制作以及节目的各种信息生成和查询等功能；对节目播出的实时监控，如有异常自动出现提示框，使管理人员随时了解节目播出状态。

（4）计费与账务管理　实现对用户收看数字电视节目的灵活计费，计费方式包括按次、按月和按时段计费；提供多种银行接口；提供对用户账务的灵活查询。

（5）统计与报表管理　完成用户信息、业务信息、账务信息的统计，生成和打印报表。可自定义报表格式。

（6）系统管理　完成对整套系统的基本参数的配置以及服务信息的监控，并对系统资源进行管理，实施服务监控，完成服务级别管理和操作员管理。

二、用户管理系统的相关接口

1. 与 CA 系统的接口

数字电视用户管理系统与条件接收系统（CA）密不可分，从广义上来讲，这两个系统可以合二为一。用户管理系统是为有线电视网络运营商提供合理的、规范的对收视用户进行管理的方案，必须考虑到和 CA 系统的有机结合，对于不同的 CA 系统，可以采取的结合方式有数据库共享方式、可移动载体方式和同步方式。

用户管理系统在设计上充分考虑了与 CA 系统接口的开放性，可实现与 Conax, Irdeto 和 NDS 等 CA 系统的互联。

2. 与银行系统的接口

银行一般都设有遍布各地的服务点，方便市民的存储，提高银行的交易量。利用银行的服务网点，可以扬长避短，大大减少有线电视网络运营商的服务网点建设，快速建设服务网络。基于此，在数字电视用户管理系统的设计上充分考虑了与银行的接口，通过专有接口与银行服务器连接，保证系统的安全性和保密性，在同银行系统进行互联时，需要对接口进行的严格定义，防止产生不安全因素或者其他性能上的瓶颈问题。

接口可以基于 DDN、X25 等传统的数据网络实现，也可以利用目前的虚拟专用网络技术实现（VPN），或者采用 IP over SDH 技术通过光纤提供数据服务。

3. 与其他用户管理系统的接口

用户管理系统实现对数字电视用户的管理，在设计上遵循"统一体制、统一运营模式、分级授权、与银行联网"的原则，并设计了多层次结构，下级的数据对上级透明，上级具有一定查看下级数据的权限，下级可以选择上级的节目。此外，考虑到市级电视台的特点，在市一级用户管理的基础上增加了针对不同地区的用户管理功能。

4. 与数据信息广播系统接口

在数字电视业务平台内数据信息广播系统主要用于广播各种业务信息，通过数字电视用户管理系统与数据信息广播系统的接口，可以实现用户费用信息、节目菜单信息等相关信息传输，如欠费用户通知信息、EPG 菜单内容等。

第四节　有线数字电视系统的常见故障与维修

数字电视是技术的发展，也是技术的创新。它不同于模拟电视的发射、传输，有着模拟电视无法比拟的优势。数字电视的检修方法，可从三个方面着手：

首先，检测用户的入户电平。一般模拟电视的入户电平大于 58dB 可正常收看，而根据实践测数字电视的入户电平大于 37dB 是可以正常收看的，但最好是大于 40dB。那么当测得数字电视的入户电平大于 37dB 时，再测前面的模拟电视的入户电平，即可推算出数字机顶盒正常收看时，要求该区网络入户电平。其次，机顶盒的频道搜索问题。搜索可分为自动搜索、手动搜索和全频道搜索。这三种方法进行前都必须将机顶盒恢复原厂设置，这样可以解决一些一般性的故障，如机顶盒上的时间不准、搜索频道数量没有变化等问题。最后，机顶盒的升级问题。可以通过两种方式进行升级，即自动升级和手动升级。这两种升级方式进行的前提是数字电视公司的前端必须有不同机顶盒配套的升级软件。自动升级是用户将机顶盒置于待机或开机状态，由数字电视公司的前端发出自动升级的指令来完成。而手动升级则在机顶盒中直接选择在线升级，等待 5～10min 即可完成。这里就一些常见的故障现象进行分析。

1. 马赛克或定格现象

1）信号传输电缆衰减是否太大？

2）有线电视信号线与机顶盒的连接是否可靠？

首先测量用户机顶盒的入口，模拟信号电平高低端应该不小于 60dB，高低端电平的误差应小于 3dB，再看模拟电视中央电视台第五频道（体育频道）是否清晰，如都达不到要求，首先查信号。因为现在数字电视信号是在增 18～31 之间传送，电平衰减为 20dB，如果达不到 37dB 这个底限要求，则电视画面会出现某个节目图像或几个节目图像有马赛克或定格现象，使用户无法正常收看。检修时数字电视信号的电平最好调到 40dB 以上。

2. 用户无法正常收看

如果电视机界面出现"当前信号已加密、请于供应商联系或请授权"，出现这种情况有以下几种可能性：

1）费用没有交，问用户交费截止日期。

2）若CPU出现运行故障，解决方法：切断机顶盒电源，间隔10s以后，再启动机顶盒。如果不行则进行下一步操作，按菜单键→指向系统设置→恢复出厂设置→自动搜索。

3）若没有自动升级，解决方法：切断机顶盒电源，按住面板上的"确认"键后打开电源，待出现"自动升级"画面后松开"确认"键，此时电视机上将出现"频点0371.000、符号率06.875、调制方式QAM64，服务号7000"按"确认"键，用上下键调到下面的"确认和取消"对话框。在"确认"对话框上按"确认"键，此时出现"机顶盒升级信号"对话框。如果此时出现当前"版本为1.1，升级为2.0，需更新吗？"的对话框，请再按一次"确认"键，机顶盒自动升级。升级完毕后，会出现"当前节目为空，是否需要自动搜台"，再按一次"确认"键，则升级和搜台全部完毕。（蓝卡的频点为0307.000，红卡的频点0371.000）。

4）如果电视机出现"E30节目被加密请授权"的对话框，则需要关闭机顶盒电源，隔30s后开启就行了。如果出现"节目被加密、请授权"对话框，则需要打开机顶盒菜单，将主菜单调到节目管理，子菜单调到编辑节目表，将被加密频道按F3→删除→退出→确认即可。

3. 出现重复台或出现某几个台收看不到

则进行恢复出厂设置→全频道搜索。

4. 电视机画面出现两种不同的声音

用遥控器将音频声道调到左声道（L）即可。因为右声道（R）为调频广播节目。

5. 出厂升级

在上述操作都无法正常收看的情况下，则需要进行出厂升级。首先恢复出厂设置→关闭电源→同时按面板的"确认"键、"向下"键→开启电源→电视机则出现"出厂升级"对话框→等待升级完毕→全频道搜索。如果上述操作都无法正常收看，则有可能是机顶盒损坏。

以上所有手工强制操作，要求维修人员完成，严禁用户操作。在操作过程中一定要小心谨慎，并保证在升级过程中不断电、不强行中断正在进行的操作。

小　　结

1. 有线数字电视系统一般由数字模拟混合前端、光纤干线传输网络、同轴电缆用户分配系统组成三大部分组成，有线数字电视系统各部分常用的设备包括：数字卫星接收机、编码器、复用器、数字数据广播器、QAM调制器、准视频点播服务器、条件接收系统、用户管理系统、节目管理系统、有线传输网络、用户机顶盒等。

2. 电视机顶盒是一种将数字电视信号转换成模拟信号的变换设备，它对经过数字化压缩的图像和声音信号进行解码还原，产生模拟的视频和音频信号，通过电视机和音响设备给观众提供高质量的电视节目。

3. 信道解码、信源解码、上行数据的调制编码、嵌入式 CPU、MPEG－2 解压缩、机顶盒软件、显示控制和加解扰技术是数字电视机顶盒的主要技术。

4. 数字电视用户管理系统包括节目管理、用户管理、计费与账务管理、报表管理、系统管理、终端管理六个模块，它是数字电视业务正常开展的保证。

思 考 题

8-1 什么是有线数字电视？它有哪些特点？

8-2 什么是有线数字电视机顶盒？它的功能是什么？

8-3 对于有线数字电视的检修，应该从哪几个方面着手？

第二篇 实 践 教 学

实践教学是职业技术教育的重要组成部分，它强化了动手操作能力。有线电视技术含有丰富的实践知识，是一门实践性很强的课程。从系统设备的识别与检测到各种检测设备的正确使用，从前端设备的选用到传输系统的施工，从整个系统的调试到维护，从小型有线电视工程到省市级大型工程，从电缆传输系统到 HFC 系统，从单向传输到数字双向传输，有线电视技术涉及到了工程实践的方方面面。

本篇仅以小型的校园有线电视系统工程为例，讲述有线电视系统工程的实践知识，培养有线电视工程的设计、安装、施工、检测、调试以及维护等方面的基本技能。该有线电视系统能接收卫星电视信号、MMDS 微波信号以及开路电视信号，也能传输自制节目和其他有线电视节目，它采用双向电缆传输系统，将节目信号分配到各个教室。为此，本篇的实践教学主要涉及卫星电视节目接收、双向电缆传输等方面的知识，未涉及光缆传输及双向数字有线电视系统等方面的实践知识，相关知识请参阅其他书籍。

第九章 CATV 系统部件的认识与检测

第一节 系统部件的外形、作用及特性

典型的有线电视系统由信号源、前端、传输干线、用户分配网络和系统的防雷、供电设备等部分组成。实际上，系统的防雷、供电设备已在前述的四章中进行了介绍。

在规模不大的小型有线电视系统中，传输干线和用户分配网络往往分不开，所以一般认为系统主要由前端部分和用户分配网络两大部分组成。前端设备有天线放大器、单频道放大器、频道放大器、信号处理器、调制器、混合器、导频信号发生器、扰频器、MMDS微波接收天线、卫星接收机、卫星解扰器、解调器、调频广播信号处理设备、卫星及微波接收天线以及演播设备等。干线设备有斜率均衡放大器、AGC 干线放大器、斜率补偿ASC 干线放大器、ALC 干线放大器、桥接放大器、供电设备等。分配系统部件有分支器、分配器、分配放大器、终端、延长放大器等。

本节将对上述常用部件的外形、作用及特性等内容进行分析和介绍。

一、前端系统的主要部件

系统前端部分主要获取各种电视节目并进行信号处理，为分配网络提供优质的电视信

号。该部分主要部件有电视接收天线、卫星接收机、频率变换器、调制器、混合器等。

1. 电视接收天线

系统节目源主要来自两个方面：一是由摄像机、录像机和 VCD 机（DVD 机）等提供的音视频信号；二是接收来自空中的无线电视信号，主要包括电视台发出的 VHF 和 UHF 频段开路电视信号，卫星发出的 C 波段、Ku 波段的信号和微波中继站及 MMDS 发出的微波信号。上述各种信号的接收都需要用与其相对应的接收天线，将空间的电磁波转换成高频信号电流。为了保证送给前端的信号具有较高的电平值，除了采用高增益的接收天线外，有时还要用天线放大器对接收天线输出的微弱信号进行放大。为了防雷击，在架设接收天线的场地还需加装防雷装置，如避雷针、保安器等。

（1）开路电视接收天线　开路电视接收天线的种类很多，若按其接收频率的不同来划分，可分为三类，即甚高频接收天线（1～12 频道）、超高频接收天线（13～68 频道）和全频道接收天线（1～68 频道）。按此划分，常见天线的种类还可以细分为单频道接收天线、分频段接收天线、全频段天线和组合天线（也称复合天线）等，部分天线的外形如图 9-1 所示。

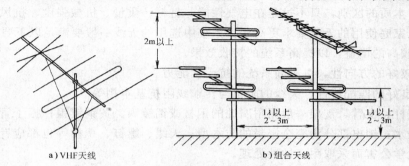

图 9-1　常见开路电视接收天线外形图

单频道接收天线又称专用频道天线，适合于中、近程距离接收。它具有增益高、方向性强、电压驻波比好等优点，并且可以针对每一个频道选择场强电平高、传播电波方向好的地方来设置，所以目前 CATV 系统中普遍采用此种接收天线。

分频段接收天线一般分为甚高频低频段（即 1～5 频道）、甚高频高频段（即 6～12 频道）以及特高频段接收天线。它兼顾接收几个频道的信号，频带较宽，电气性能参数不如单频道接收天线好。由于 UHF 频段频率很高，接收天线目前多采用 20 单元或 50 单元的八木天线。其他结构形式，如对数周期天线、环形天线、鱼骨天线等用得较少。

为了提高接收图像的质量，根据接收电波的情况，把甚高频的低频段和高频段接收天线组合在一起，或把甚高频低（高）频段天线和频道专用接收天线组合在一起，并与馈线和同轴电缆及混合器连接，就可用于全频道的接收，这种天线称为组合天线。组合天线仍能充分发挥频段专用天线的特性，所以比全频道天线的性能更好，尤其是大大改善了低频段的性能，因而最适于用作有线电视系统的接收天线。

天线放大器连接天线输出口，是一种低噪声放大器。其作用是放大微弱高频信号，提高天线输出端的信噪比。因此，天线放大器与天线匹配是重要的，匹配有阻抗匹配和噪声匹配两种状态。阻抗匹配，是为了获得最大信号功率输出，同时能减少因失配而产生的图像重影。噪声匹配，是为了获得最小噪声功率，提高载噪比 C/N。天线放大器主要技术指标主要包括工作频率范围、增益、噪声系数、频道内增益幅度的平坦度、输入和输出阻抗、输入和输出的电平、交扰调制等。

那么在共用天线电视系统中，应选用什么样的天线呢？要视具体情况，根据接收频道、场强和电波传输方向来选择合适的天线。

通常 VHF 频段在强场强区，中小规模的 CATV 系统可以使用单频道接收天线；UHF 频段一般采用超高频频段天线；在弱场强区，可以采用组合天线；在干扰严重和因反射波引起重影的地方，除需选择单频道天线外，在特殊的频道可设置输入滤波器，以消除干扰，或采用抗重影天线消除重影。在电缆电视系统中，原则上不要使用宽频带天线。因为要兼顾较宽的频带，其性能指标不可能太好，而且几个发射台很难都在一个方向上，因而也很难使每个频道都获得满意的效果；同时共用一副天线带来的多频道信号在放大器中的相互干扰在技术上也不好解决。在某些特殊的场合，也可以使用组合天线、抗重影天线、对数周期天线等。

目前 CATV 电视系统中大都采用八木天线及其组合天线，只要选用恰当，基本能满足系统对广播电视信号的接收要求。电缆电视系统中使用的接收天线与一般家庭使用的接收天线没有本质的区别，只不过是在电气性能、材料、质量、机械强度、抗风、防雷保护等方面，比家庭使用的天线要求更高些。系统中选用的天线一般要满足以下要求：

1) 有较高的增益，以提高系统的接收效果。

2) 有较好的方向性，以提高系统的抗干扰能力。

3) 有良好的匹配特性，天线的阻抗与传输线阻抗基本相等。

天线竖杆、支臂、支架一般用耐腐蚀的钢材或铝镀镍、黄铜镀镍；振子管的末端要封闭，以防浸水；馈电部分为完全密封的防水型；天线、螺钉、螺栓等也都应针对盐雾、风雪和其他化学公害而采取耐腐蚀性处理。

天线竖杆应安装避雷针，其避雷针高度应能保护天线振子。天线竖杆及相关建筑物应按第二类建筑物防雷要求统一设计防雷系统，具体指标应符合《建筑防雷设计规范》的规定。

(2) MMDS 接收天线 现在我国很多地区都建成了自己的 MMDS 系统，使用效果很好。微波信号经接收天线和下变频器输出电视标准频道信号和增补频道信号，可以直接送入电视机供用户收看，也可以直接送入前端混合器，还可以经过邻频处理后，分频道送入前端混合器。

MMDS 接收天线主要由下变频器及其供电电源、接收天线和馈源组成，如图 9-2 所示。下变频器将 2 500～2 700MHz 信号下变频（群变频）至有线电视标准频道（U、CATV 增补频道），然后送往 CATV 前端，或者用家庭的电视机直接收看。通常，下变频器有多种本振频率的型号供选择。例如，接收频率范围为 2 500～2 684MHz 的条件下，当本振频率为 2 277MHz 时，其输出频率为 223～407MHz；当本振频率为 1 894MHz 时，其输出频率为 606～790MHz（DS25～DS47）。采用哪种本振频率的下变频器，由频率配置规划来确定。下变频器一般都是密封在接收天线的下端，和接收天线一起安装在户外，以减小连接电缆损耗。因此，除要求下变频器噪声系数低、动态范围大、对干扰信号

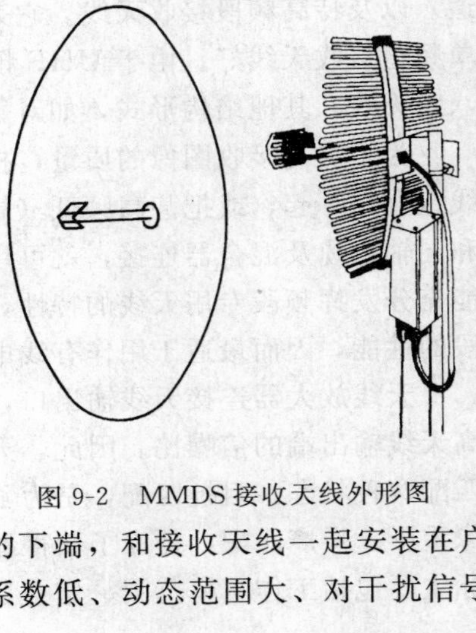

图 9-2 MMDS 接收天线外形图

有良好的抑制作用外，还要求能在高温、低温、风、雨等环境下正常工作。

接收天线一般采用小型定向天线，如矩形抛物面天线或八木天线。为了保证在视距以内，接收天线架设高度应为 15～25m，其增益有 15dB、18dB、21dB、24dB 等多种，可根据离发射天线远近的来选择。接收天线的前后比应大于 20dB，交叉极化率大于 22dB，波束宽度为 25°就可以了。

微波接收天线（例如骨架半抛物面天线）的焦点处装有一个馈源，通过一条短电缆连接到下变频器。馈源和下变频器是分开的，叫做分体式的下变频器；有些馈源和下变频器合在一起，叫做一体式下变频器。下变频器自身不带电源，它安装在室外，由置于室内的供电电源提供 12V 左右的工作电压。

（3）卫星电视接收天线　卫星电视接收天线一般都采用抛物面天线，其基本结构如图 9-3 所示。

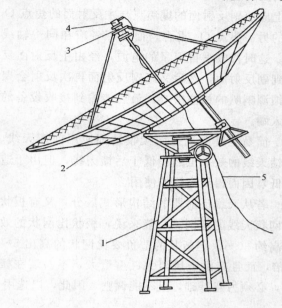

图 9-3　卫星电视接收天线基本结构
1—天线座　2—主反射体　3—馈源　4—高频头　5—馈线

我国的卫星电视广播业务目前只与其中的 C 波段（3.7～4.2GHz）和 Ku 波段（11.7～12.7GHz）有关。为了避免卫星电视广播对 C 波段地面通信的干扰，卫星转发器的功率不允许做得太大（一般为 8～16W）。由于电波到达地面的等效辐射功率较低，地面接收必须采用直径为几米的大口径抛物面天线和高灵敏度的卫星接收机，所以 C 波段卫星只能供地面收转电视用。Ku 波段被规定为与地面广播和移动通信业务共用，但卫星广播可以优先使用。由于 Ku 波段频率高、转发器功率可做到几百瓦、到达地面的信号强度比 C 波段的强许多，因此，地面接收天线的直径可做到 1m 以下，卫星接收机的生产难度也大为降低。所以 Ku 波段适用于卫星直播的个体接收。

常见的抛物面天线有单反射器抛物面天线和双反射器抛物面天线两种。

1）单反射器抛物面天线，又称前馈抛物面天线，由抛物面反射器和馈源（亦称初级辐射器）组成，如图 9-4 所示。

抛物面反射器的几何形状是按特定的抛物线绕轴线旋转而成的旋转抛物面的一部分，按此形状制成金属反射面，用来截获和会聚电波能量。而馈源置于抛物面焦点 F 上。当卫星下行的电磁波（平面波）到达反射面后，经过一次反射（球面波）会聚于焦点 F 上，馈源便将进入的电磁波经极化转换后，高效率地传输到天线高频头的低噪声放大器的输入端。

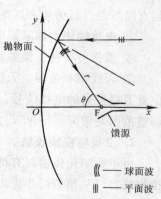

图 9-4　前馈抛物面天线

显然，抛物面口径（孔径）越大，则截获会聚电磁波能力越强，天线增益也就越高。

2）双反射器抛物面天线，又称后馈抛物面天线，如图9-5所示，这种天线由抛物面形的主反射面、双曲面形的副反射面、馈源（销钉）移相器和圆矩波导变换器组成。在结构上应使副反射面的虚焦点与主反射面的焦点 O_1 相重合，而馈源的相位中心应与副反射面的另一焦点 O_2 重合，而且三者应在同一轴线上。这时接收来自卫星的电波，经由主反射面反射到副反射面，然后又经副反射面再次反射会聚于馈源喇叭的相位中心，最后传输到接收设备的输入端。

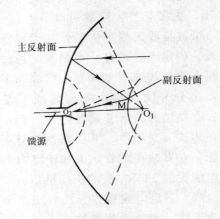

图9-5 后馈抛物面天线

简易卫星电视地面接收站都使用前馈天线。前馈天线的效率虽然稍低于后馈天线，但由于造价低，因而得到广泛的使用。

若从天线反射器的结构形式区分，又有板状和网状天线的区别。一般来说，板状比网状的效率高约30%。但板状的造价要比网状的高出5～6倍，而且其由于风阻大、重量大，不易装在楼顶，必须另建基础，且不能调整。因此，以选用合金铝骨架结构、铝冲拉网的网状天线为好。

卫星电视接收天线的主要技术指标有：

① 天线增益。增大天线直径可以提高增益，要尽量提高天线效率，减小馈线传输损耗。

② 旁瓣电平。要求天线旁瓣电平要低。

③ 噪声温度。国家标准规定，口径为3～4m的天线（优等品），当仰角为10°时，天线分系统的噪声温度应不大于33℃；仰角为20°时，天线分系统的噪声温度应不大于28℃。

④ 频带特性。接收来自卫星的电视信号，应具有500MHz的带宽，在此范围内都应具有高增益、低旁瓣和匹配好等特性。

⑤ 极化轴比。国家标准规定，圆极化电压轴比应不大于1.35。

⑥ 极化可变性。馈源系统圆极化、线极化变换器应能方便地调整。

⑦ 天线调节范围。天线调节是指对天线仰角、方位角进行调节。为了接收多个轨道位置卫星发射的电视信号，在天线底座固定不动的情况下，以正南方向为基准，天线指向调整范围是俯仰0°～90°，方位为−90°～90°。

2. 卫星电视接收机

由于数字化传输具有抗干扰能力强、传输质量高、电视节目频道多的特点，卫星电视接收机已经从模拟时代进入了数字时代。现在普通的数字卫星接收机，功能都大同小异，如果是购买普通数字卫星接收机只要注意选购一台超低门限的接收机即可。普通的数字卫星接收机的外形图如图9-6所示，其主要技术指标见表9-1。

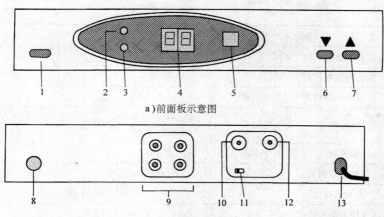

a) 前面板示意图

b) 后面板示意图

图 9-6　数字卫星接收机外形图

1—电源待机开关键　2—信号指示灯　3—电源指示灯　4—频道显示　5—红
外接收器　6、7—频道减、增键　8—射频输入，与卫星天线的同轴电
缆相连　9—AV 输出端子，去调制器　10—射频输出口，接电视机
射频输入　11—调制频道选择开关　12—调制器天线输入口
13—交流电输入口

表 9-1　数字卫星接收机的主要技术指标

序　号	性 能 参 数	单 位	国家广电总局要求	备 注
1	输入频率范围	MHz	950～2 150	—
2	输入电平范围	dBmV	−65～−25	—
3	解调门限(Eb/No)	dB	≤5.5	FEC=3/4
			≤4.5	FEC=1/2
4	符号率	MBaud	2～30	
5	视频输出幅度	mV	700±20	—
6	同步幅度	mV	300±9	—
7	K 系数	%	≤3.0	—
8	微分增益失真(DG)	%	≤5	峰-峰值
9	微分相位失真(DP)	°	≤5	峰-峰值
10	亮度/色度增益不等	%	±5.0	
11	亮度/色度时延不等	ns	≤30	峰-峰值
12	亮度信号非线性	%	±5.0	
13	行同步前沿抖动	ns	≤20	峰-峰值
14	视频频率响应	dB	≤0.5,≥−0.5	≤4.8MHz
			≤0.5,≥−1.0	5.0MHz
			≤0.5,≥−4.0	5.5MHz
15	连续随机杂波	dB	≥56(加权值)	5MHz 带宽
16	伴音谐波失真	%	≤1.0	60Hz～10kHz
17	音频频率响应	dB	±0.5	60Hz～18kHz
18	伴音信噪比	dB	≥70(不加权)	

（续）

序　号	性　能　参　数	单　位	国家广电总局要求	备　　注
19	左右声道电平差	dB	≤0.5	60Hz～18kHz
20	左右声道相位差	°	≤5	60Hz～18kHz
21	左右声道隔离度	dB	≤−70	—
22	输出频道	—	DS1～DS22 Z1～Z37	由客户 指定频道
23	输出电平	dB	≥110	—
24	射频输出调节	dB	0～−20	—
25	视频信噪比	dB	≥45	—
26	图像伴音载波间距	kHz	6500±5	—
27	图像伴音载波功率比	dB	−10～−25	—
28	音频平坦度	dB	±15	—
29	音频信噪比	dB	≥50	—

卫星电视接收高频头（LNB）就是高增益低噪声放大变频器。其主要用途：一是提高接收系统的灵敏度，即在天线、卫星和接收机已定的情况下，提高接收机解调输入信号的载噪比 C/N；二是进行频率变换，并输出一定的中频信号电平，使接收机正常工作。LNB 接收信号频带随卫星和卫星转发器的不同而不同，一般 C 波段输入频带为 3.7～4.2GHz，输出中频多为 950～1450MHz；对 Ku 波段输入信号频率及带宽差别较大，有的为 11.7～12.2GHz，有的为 11.71398～12.0095GHz 等，其输出中频多为 950～1450MHz，也有的为 1035.98～1331.50MHz 等。

LNB 的主要技术指标中，噪声系数、本振频率稳定度、增益及输出中频带宽直接影响输出信号质量；镜像抑制度主要限制镜像带内的干扰；限制本振泄漏主要限制本振信号通过天线向空间发射干扰信号的大小；寄生分量主要考虑 LNB 输出杂波干扰输出中频的程度，以及经解调后在视频频带内干扰图像和伴音的程度；增益不平度过大会影响同一频道视频输出图像的清晰度，对不同接收频道接收质量的影响差别很大。

3. 频率变换器、调制器、混合器

由于进入前端的信号错综复杂，有高频（射频）信号和视（音）频信号，有强信号和弱信号，所以在前端中使用的部件的种类也是多种多样的。通常有放大弱信号用的各种放大器，变换频道用的频率变换器，分离信号用的滤波器和陷波器，衰减强信号用的衰减器，将视频信号转变成射频信号用的调制器，将多路射频信号混合成单路射频信号用的混合器。除此之外，有的前端中还装有导频信号发生器，使信号在干线传输过程中自动控制干线放大器的输出电平值，使被传输的信号保持稳定。总之，系统前端的作用是将各种途径送来的各种电信号进行处理，最后混合在一起向系统提供一个具有一定电平的高质量的射频电视信号。前端提供的电视信号质量低劣，在系统的其他部分很难予以补救，所以前端部分的质量好坏，会直接影响整个有线电视系统的质量。

频率变换器的主要作用是在不改变调制规律的前提下改变载波频率（频道），目的是解决强信号对相邻频道的干扰问题。对于小型远距离传输系统，通常将 UHF 变换为

VHF，以减小其传输损耗，使得用户在 VHF 频段时，传输系统同样可收视 UHF 频段播放的电视节目。频率变换器根据变换的频段不同可分为 U/V、V/V、V/U 和 U/U 四种。由于频率变换器增益不高，输出电平不能满足系统要求，因此在频率变换器和混合器之间要加单频道放大器。

频率变换器的性能参数主要有增益、带内平坦度、带外衰减、工作输出电平、噪声系数、反射损耗、频率准确度等，具体指标可参阅国家标准《30MHz～1GHz 电缆分配系统设备与部件》中规定的频率变换器的性能参数。

调制器的功能是将基带视频信号转换成中频信号或某个频道载频上；将伴音载波电平加以控制，使其电平比邻频道图像载波电平低 15dB，以防止伴音干扰邻频道图像信号；将复合中频信号包括图像、伴音信号转换成适合电缆传输的射频信号。自办节目必须用调制器将信号调制在适当频道的载波上进行传输。

调制器分高频调制和中频调制，中频调制是将视频、伴音信号分别调制在 38MHz、31.5MHz 的频率上，然后用上变频器将两个中频频谱向上搬移，变成所需的某个频道信号；高频调制是将视频、伴音信号用直接调制的方法分别调制在 VHF 和 UHF 频段中某个标准频道的载波上，由于调制的载波频率高，又不是固定某个频率，所以调制的实现、质量的满足都比中频调制困难，造价较高。

调制器的外形如图 9-7 所示，其主要技术指标列于表 9-2。

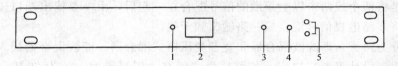

图 9-7　调制器的外形图

1—电源指示灯　2—调制频道数码管显示　3—调制度调节旋钮
4—调制输出电平调节　5—音频频偏控制旋钮

表 9-2　调制器的主要技术指标

序　号	项　　目	单　位	技　术　指　标	
			Ⅰ类	Ⅱ类
1	视频信号输入幅度	V	1（全电视信号）	
2	视频信号输入极性		正极性（白色电平位正）	
3	视频信号输入阻抗	Ω	75	
4	音频信号输入电平	V	0.775	
5	音频信号输入阻抗	Ω	600Ω 平衡 或 ≥10kΩ 不平衡	≥10kΩ 不平衡
6	视频信号钳位能力	dB	≥26	不作规定
7	视频信号调制度	%	80±7.5	75±10
8	视频带内平坦度 （5MHz 内）	dB	≤3	≤6
9	微分增益	%	≤8	≤10
10	微分相位	°	≤3	≤12

（续）

序　号	项　　目	单　位	技　术　指　标	
			Ⅰ类	Ⅱ类
11	色/亮度时延差	ns	≤60	≤100
12	视频信号噪比	dB	45	不作规定
13	频率准确度	kHz	VHF≤5 UHF≤25	VHF≤20 UHF≤50
14	图像载波输出电平	dBμV	≥92	
15	图像伴音功率比	dB	10～20 连续可调	13±3
16	射频输出阻抗	Ω	75	
17	射频输出反射损耗	dB	VHF≥10 UHF≥7.5	VHF≥9 UHF≥7.5
18	带外寄生输出抑制	dB	≥50	不作规定
19	图像伴音载频间距	kHz	6500±10	6500±20
20	伴音最大频偏	kHz	±50	
21	伴音带内平坦度	dB	±2(1kHz 基准)	±3(1kHz 基准)
22	伴音失真度	%	≤2	不作规定
23	音频信噪比	dB	≥50	不作规定

混合器是将两个或两个以上频道的信号混合在一起后，由一个输出端口输出到干线系统中去，即将多路电视信号混合成一路输出到干线。

混合器分为两类，即滤波混合器和宽带变压器式混合器。滤波混合器插入损耗小，混合的路数可根据设计需要来决定。各路信号之间有一定隔离度，约为 20dB，对各路信号之间互相干扰有足够抑制能力。宽带变压器式混合器的主要特点是可对任意频道混合，结构简单，造价低廉，插入损耗比滤波混合器大，且随混合路数增加而增加。混合方式有频道混合方式、频段混合方式、频道与频段混合方式等。

混合器的技术指标有：

（1）插入损耗　混合器输入功率与输出功率之比称为混合器的插入损耗。通常用 dB 表示，即输入电平与输出电平之差。

（2）隔离度　电平与其他输入端出现的该信号电平之差，单位 dB。在任一输入端加入信号时，其他输入端出现该信号电平越小，其隔离度就越高，一般要求大于 20dB。

（3）带外衰减　带外衰减表示混合器对通频带以外的信号衰减的程度，即对其他频道干扰信号的抑制能力，一般大于 20dB。

（4）输入输出阻抗　混合器输入、输出阻抗都是 75Ω，以利于设备间的阻抗匹配。

二、传输分配网络部分的主要部件

（1）干线放大器　对信号进行在线放大，以补偿干线电缆的损耗，使传输线路进一步延长。在长距离有线电视系统中，干线传输要用若干个干线放大器，它的性能好坏直接影响整个系统的性能。它除了放大信号之外，还要对电缆特性给以补偿。有线电视用的同轴电缆都规定其特性阻抗为 75Ω，而其外径常用 4.8mm、7.3mm、9.0mm 和 11.5mm 四种。我国电缆型号中分别采用 75—5、75—7、75—9 和 75—12 与之对应。

干线放大器有斜率均衡手控增益 MGC 放大器、斜率均衡加上温度补偿手控增益 MGC 放大器、自动增益控制 AGC 放大器、斜率补偿 AGC 放大器、自动电平控制 ALC 放大器等，常见外形如图 9-8 所示。

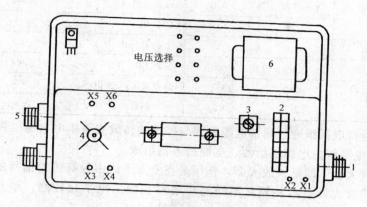

图 9-8　常见干线放大器外形图

1—信号及电源输入端　2—均衡器接入端　3—增益调节旋钮　4—二分
配器输出端　5—放大后信号及电源输出端　6—电源电路板

干线放大器的技术指标，有的项目多，有的项目少。ASC 类型干线放大器的技术指标最多、最全，其余放大器可参考它的指标。ASC 干线放大器的技术指标见表 9-3、表 9-4。

表 9-3　单向 ASC 干线放大器的技术指标

指标项目	技术性能	备注	指标项目	技术性能	备注
频带宽度/MHz	45~250	—	输出电平稳定度/dB	≤±0.5	UHF
				≤±1	VHF
带内不平度/dB	≤±0.5	干线	导频信号/MHz	246	UHF
	≤±1	支线		45	VHF
最大增益/dB	22	250MHz	AGC 特性/dB	输入电平变化±3 输出电平变≤±0.3	标称输入电平
	9	45MHz			
VSWR	≤1.5	—	ASC 特性/dB	输入电平变化±3 输出电平变≤±0.3	标称输入电平
输入电平/dBμV	72	250MHz	噪波系数/dB	≤10	—
	77	45MHz			
干线输出电平/dBμV	92	250MHz	互调指数/dB	≤-76	干线
	85	45MHz		≤-60	支线
支线输出电平/dBμV	106	250MHz	交调指数/dB	≤-86	干线
	101	45MHz		≤-56	支线
干线标称增益/dB	20	250MHz	传输信号	TV 11 路 FM 4 路	
	8	45MHz			
支线标称增益/dB	34	250MHz	分支隔离/dB	≥25	—
	24	45MHz	功耗/V·A	≤34	—

表 9-4　双向 ASC 干线放大器的技术指标

指　标　项　目	正　向	反　向	指　标　项　目	正　向	反　向
频带/MHz	45～300	5～30	增益/dB	22	—
不平度/dB	±0.25	±0.25	三次差拍/dB	900	100
最小增益/dB	±26	±13	CM/dB	91	100
ALC 起控电平/dB	±16	±18	二次 IM/dB	88	87
输出变化/dB	±0.5	—	三次 IM/dB	112	101
导频工作电平/dBμV	91	—	载波交流声比/dB	65	65
输出电平/dBμV	91	94	噪声系数	8	9

　　干线放大器供电系统通过同轴电缆芯线与外导线传输安全供电电压（我国用 42V 作为安全电压），供电系统由电源供给器、电源插入器组成。

　　(2) 线路放大器　即延长放大器，作用是在分支干线中提高传输信号的电平。它的结构、性能与干线放大器基本相同，不同的是增益和输出电平比较高，增益为 30～34dB，输出电平为 105～110dBμV。

　　(3) 分配放大器　与线路放大器类似，所不同的只是它通常接有 4 个或 2 个输出端。线路放大器和分配放大器的共同点是：①二者都是宽带放大器；②都是高电平输出，这与干线放大器是不同的；③设有 AGC、ALC 功能。

　　(4) 分配器　是用来分配电视信号的部件，它能将一路输入信号均等地分为几路输出。它通常用于放大器输出端，或用于把主干线分成几条支干线，也可用于一个支线末端，同时去带动几个用户终端。

　　分配器通常按输出路数来分类，如二分配器、三分配器、四分配器、六分配器等。若按使用环境不同，分配器可分为室内不防雨型和室外防雨型、普通型和馈电型；按分配器回路的组成，可分为分布参数型和集中参数型。

　　分配器的技术指标主要有：

　　1) 分配损耗：负载直接接在信号源上所得到的功率与插入分配器后负载所得到功率之比，以 dB 表示，其值越小越好。

　　2) 隔离损耗：负载直接接在信号源上所得到的功率与信号源从一个输出端输入，而在另一个输出端所得的功率之比，以 dB 表示。它代表隔离程度好坏。

　　3) 反射损耗：负载直接接在信号源上所得到的功率，和由于分配器匹配不好而引起的反射功率之比，用 dB 表示。完全匹配状态下，反射损耗将为无穷大。

　　(5) 分支器　其作用是从干线或支干线上提取一小部分信号功率供给一个或几个用户终端。分支器有一分支器、二分支器、三分支器、四分支器等，外形如图 9-9 所示。

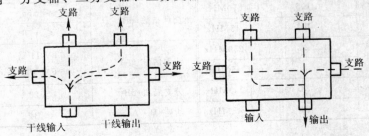

图 9-9　分支器外形图

分支器的主要技术指标有：

1) 插入损耗 是信号在干线输入到干线输出端之间的传输损耗，即输入信号电平与输出信号电平之差，常用 dBμV 表示。

2) 分支损耗 是信号在干线输入端到分支输出端之间的损耗。

3) 相互隔离 在一个分支输出端加上信号后，该信号电平与其他分支输出端的输出电平之差，希望它越大越好。

4) 反向隔离 是指分支输出端和干线输出端的损耗。当分支输出端加入信号，该信号电平与干线输出端信号电平之差，该值越大越好，这样电视机辐射出来的干扰不会影响干线。

第二节 常用测量仪器的使用

在实际工程中，要使有线电视系统能长期稳定的运行，满足用户对收看优质图像质量的要求，有线电视系统需要进行全面的测量和调整。

有线电视系统的全面测量包括系统安装后的工程竣工测量、验收测量及技术质量鉴定测量。这样的测量规模比较大，使用的仪器比较多，国家标准 GB/T6510—1986《30MHz~1GHz 声音和电视信号的电缆分配系统》规定了系统技术性能指标的测量方法，具体使用的仪器见表 9-5。在日常工作中使用的仪器则不必这样复杂，一般情况下，中、小型系统只要配备场强仪、标准信号发生器、扫频仪等简单仪器就能满足日常调试维护工作的需要。所以，本节仅介绍 CATV 系统常用测量仪器的使用方法。

表 9-5 测量有线电视系统指标的主要仪器

测 量 参 数	主 要 测 量 仪 器
信号电平	场强仪（或频谱分析仪）
幅频特性	扫频仪（或频谱分析仪）
载噪比	电视噪声信号发生器，频谱分析仪
载波互调比	频谱分析仪
交扰调制比	频谱分析仪
信号交流声比	频谱分析仪
回波值	电视测试信号发生器，解调器，回波器
微分增益，微分相位	电视测试信号发生器，解调器，DG、DP 测试仪，示波器
相互隔离度	场强仪，频谱分析仪
色度、亮度时延差	测试信号发生器，解调器，时延差测试仪，示波器

一、场强仪

场强仪是一种测试电视场强电平的仪器。场强仪的测量值是以 μV/m 作单位的，里面有一个长度单位 m。从原理上来说，电平表（或电压表）量度的电压值是在仪表的输入端口，而场强仪所量度的电压（或叫电势）是天线在空中某一点感应的电压。严格来说，场强仪是由电平表和天线组成的。

在我国有线电视行业范围内，有线电视信号是通过测量同步头的电平来量度的，以 dBμV 作单位，经常用场强仪来取代电视信号电平表进行测量。

场强仪可测量信号发生器输出电平、前端输出的伴音和图像电平、CATV 用户终端电平等。它还可测量一些系统部件的参数，如分配器的分配损耗、输出隔离度、频响，分支器插入损耗和分支损耗，衰减器和电缆的衰减量，放大器的增益等。在要求不高的场合，场强仪还可以用来测量天线增益、天线方向图等，如果测量空间场强，则需要采用标准测量天线。

新一代场强仪伴随电视广播的发展应运而生，较之早期产品具备更多的功能，如荧光屏可显示图像的质量，进行直观评价；频谱分析功能可对搜索信号、抗干扰及测定无线方位提供可靠的分析资料；其他功能还有同步脉冲显示、画面扩大、场强音响显示、数字显示测试频率、电子标尺指示场强 dB、视频信号输出/输入、交/直流供电及专用小型伸缩偶极子天线等。

下面以 MC160B 场强仪为例，介绍场强仪的使用方法。图 9-10 所示为 MC160B 场强仪的实物外形图，图 9-11 所示为面板示意图。

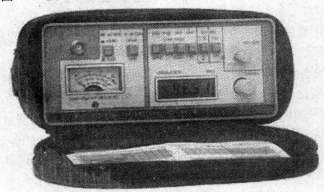

图 9-10 MC160B 场强仪的实物外形图

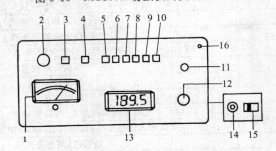

图 9-11 MC106B 场强仪的面板示意图

1—场强电平指示 2—75Ω 电视信号输入端 3—40dB 高频衰减器 4—20dB 中频衰减器 5—FM 频段选择 6—VHF "低" 频段选择 7—VHF "高" 频段选择 8—UHF 频段选择 9—音频/场强音响选择 10—AM/FM 解调器选择 11—电源开关/音量调节 12—接收频率调谐钮 13—频率显示 14—外接直流电插座 15—电源选择开关 16—充电指示灯

MC160B 是西班牙宝马公司 MC 系列中的便携式场强仪，设计特别轻巧，加上电池和机套只有 1.8kg，有操作简单、使用方便等优点。它适用于所有有线电视和公共天线系统，测试频率范围为 46～860MHz，频率显示采用大型四位数字 LCD，分辨率为 100kHz，这种场强仪的测量带宽为 300kHz，故可对电视立体声伴音和彩色副载波进行选择测量。仪器装有 AFC 系统以利选台。场强量程为 20～110dBμV，内置 40dB 高频衰减器及 20dB 中频衰减器，电平指示范围为 50dB。有场强音响提示，可通过音调高低变化来对天线定位进行监视。采用

6 个 R14 型 1.5V 电池或 1.2V 可充电电池工作，符合德国"VDE"、欧洲"CE"电磁兼容标准。MC160B 是一种小巧、价廉，非常实用的天线测试仪器。

1. MC160B 场强仪的主要技术参数

（1）接收频段

LOW VHF 频段：48～160MHz

HIGH VHF 频段：160～450MHz

FM 调频广播：87～108MHz

UHF 频段：450～860MHz

（2）其他参数

频率显示：4 位数字显示

分辨率：100kHz

输入抗阻：75Ω BNC

场强测量范围：20～110dBμV

场强电平指示：50dB

线性偏差：±1dB

场强精度：VHF 频段±3dB；UHF 频段±4dB

音频输出功率：0.25W

电源：6 个 R14 型 1.5V 电池

尺寸：（含机套）220mm×110mm×158mm（宽×高×深）

重量：1.8kg（含电池和机套）

2. MC160B 场强仪的使用说明

1）把天线接收到的信号用匹配线缆连接到场强仪的电视信号输入端。

2）选择信号对应的频段，即选择按下 5、6、7、8 号键。

3）开启 11 号电源开关键。

4）根据天线信号的输入电平，选择合适的高/中频衰减器，即选择 3、4 号键。

5）选择 AM/FM 解调器，及音频输出与节目声音/场强音响提示 9 号键。

6）可用 12 号键接收频率调谐钮，调校所选频段中的任何频率。如果接收频道不详，则可在整个频段内搜索，但要注意 1 号场强电平指示；如果接收频道已知，可把 13 号频率显示预调到正确频率。

7）测试载波电平可由 1 号场强电平指示读出，总电平要加上衰减器值及加或减修正图表值。例如：在场强电平指示读出的 dB 值为＋35dBμV，加上高频衰减器值＋40dBμV，再加或减修正图表值——测试频率在 610MHz 时对应＋2dBμV，总场强电平值为 35＋40＋2＝77dBμV。

根据实践经验，电视场强电平在 60～80dBμV 范围内，电视机就能接收到理想的画面效果。

二、CATV 频谱分析仪

这种仪器是目前我国有线电视行业中使用较多的一种测量仪器，主要用于测量频道电平、图像载波电平、载噪比、交流声干扰、频道和频段的频率响应、图像/伴音比等。此外，还具有一些辅助功能，如：可观察行方式、场方式或活动图像的视频调制，可观看电视图像、听电视伴音。便携式频谱仪重量约 1kg，具有小型液晶显示屏，能提供背景照明，有十多个按键供使用操作。

从原理上来说，频谱仪、电平表、场强仪的基本原理是一样的。频谱仪本身就是测量频谱范围内的信号电平，用频谱仪加上测试天线就可以测量场强了。

三、电视标准信号发生器

电视标准信号发生器是 CATV 系统中重要的标准测试信号源，配合频谱仪、场强仪、示波器等使用，用于测试有线电视系统各个部件的主要技术指标。

GV698 是宝马公司配合卫星电视广播设计的国际线路新产品。微机控制及模块化结构使 GV698 只要附加组件就能扩展应用范围。GV698 能产生 32 种高质图像，输出频率锁相合成保证高稳定和高精度。16 字位点阵 LCD 直接显示彩色制式、频道、频率、伴音标准和输出测试图案编号。可选购附加双声道（丽音）/立体声。为了简化图像和伴音信号分析，面板设有按钮，用于取消或重置某些基本功能，例如彩色副载波、色同步信号、伴音、立体声、隔行扫描功能、电子圆圈、TXT（图文电视信号源）、VPS（录像机测试信号源）等。由于彩色信号标准各地不同，随着卫星电视的普及，设计时已把常用 9 种标准制式存入 GV698 微机存储器内。32 种测试图像中包括存储式电子测试图案、彩条、多种测试信号组合、红绿蓝等单色、辉度阶梯、多频率正弦波信号、栅格、色度/亮度延迟测试、点阵等等，以及 Y-C、红、绿、蓝，触发和同步信号输出。高频信号输出电平 80dBμV，与 50dB 衰减器（二级 20dB 和一级 10dB）配合运用。GV698 是高级专业设计产品，适合有线电视高质图像要求，是公认作检测、分析的最佳多制式高级电视信号发生器。

第三节　系统各部件的检测方法和性能判断

有线电视系统包括很多种性能指标各异的部件，彼此相互影响，因此各种部件在使用前应进行检测，以确保它们的主要技术指标满足系统的要求。本节将介绍常用部件主要指标的检测方法和性能判断方法。

一、调制器主要参数的检测方法

1. 视频信号的钳位能力

（1）主要测试仪器　视频信号发生器，100MHz 示波器。

（2）测试原理　测试原理框图如图 9-12 所示，直接测试调制器视频钳位输出点即可。

图 9-12　调制器视频钳位能力的测试原理框图

调制器的钳位能力决定了其对视频信号的处理能力，影响视频信号的稳定度。我国的有线电视标准规定调制器的钳位能力应大于 26dB，即叠加频率为 50Hz，交流幅度为 0.3V（相当于同步头幅度）的视频信号，经调制器的钳位电路钳位以后交流幅度应从 0.3V 减小至 0.015V，是原交流幅度的 1/20，即 20lg20＝26dB。

测试调制器的钳位能力时，让电视标准信号发生器产生标准测试信号，送至被测调制器，用示波器直接测试调制器的视频钳位输出点。在示波器上应能观测到稳定的视频信号，且50Hz调制信号的交流幅度应从 0.3V 减小至 0.015V 以下，否则，说明该调制器的钳位能力较差。

2. 调制度

主要测试仪器同上，测试原理如图 9-12 所示。

我国的有线电视标准规定，调制器的视频信号调制度为 80%。调制度过大，电视画面会出现大片白色区域，甚至成负像。

测试调制器的调制度时，用示波器直接测试调制器的中频输出点，调节调制器的调制度电位器，使信号的调制幅度最小与最大之比为 1 格：5 格，即表明它的调制度为 80%（这时必须关掉伴音）。

3. 图像质量指标

图像载波输出电平（dBμV），图像载波、伴音载波功率比 A/V（dB），以及带外寄生输出抑制等参数，采用频谱分析仪可直接读出。

我国的有线电视标准规定：调制器的图像载波输出电平应不小于115dBμV；图像与伴音功率比为 10～20dB，且连续可调；带外寄生输出抑制应不小于 60dB。

调谐频谱分析仪找到被测的图像载波，置于屏幕的中心，即可测量以上参数。

4. 视频信噪比 S/N

测试原理框图如图 9-13 所示。我国的有线电视标准规定，调制器的视频信号视频信噪比应不小于 45dB。

调试时，若用大于 10kHz 的高通滤波器，则测得的 S/N（RMS）等于视频信噪比；若用小于 1kHz 的低通滤波器，则测得的 S/N（PP）等于低频信噪比。低频信噪比的好坏反映了电源滤波性能的优劣。

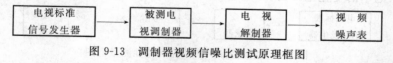

图 9-13　调制器视频信噪比测试原理框图

二、干线放大器主要参数的检测方法

（1）传输频带　以最小满增益定义的频率范围，也就是工作频率，一般要求 45～450MHz 才满足系统设计要求。

放大器的传输频带可以用扫频仪进行测试，也可用场强仪进行简单的测量。

（2）最小满增益　用手动调整放大器到最大增益位置时所能得到的增益，一般要求 22dB 以上，可用场强仪进行简单的测量。

在放大器的输入端输入标称电平值的电视信号，用场强仪测量放大器的输出端信号电平，手动调整放大器到最大增益位置，此时所测到的增益与输入标称电平值之差就是最小满增益。

（3）平坦度　放大器放大频响的偏差总量，一般选择上限频率为参考点，一般要求带内不平度小于±0.5dB。

测量框图如图9-14所示，具体如下：

图9-14　平坦度的测量框图

1）校正扫频仪的输出电平为放大器的标准输入电平±3dB，扫频范围为放大器的上限工作频率。

2）接上放大器，改变可变衰减器1，使频率响应点的基准点与基准线重合，记下可变衰减器1的读数。

3）再改变可变衰减器2，使其在规定的工作频带内，频响曲线的最高点和最低点分别与基准线重合，可变衰减器2相对于可变衰减器1读数的变化量即为带内平坦度的正负值。

（4）标称输入电平　满足干线放大器性能参数的输入电平范围内的中心点，一般要求70dBμV，可用场强仪进行测量。

（5）标称输出电平　在标称输入电平和在标称增益下干线放大器的输出电平，一般要求120dBμV以上，可用场强仪进行测量。

（6）AGC控制特性　在采用AGC插件后，干线放大器的输出电平受输入电平变化影响的大小，一般要求±3～±0.3。

测量框图如图9-15所示，具体如下：

1）调整电视标准信号发生器的信号频率与幅度，使其为被测放大器的标称值，电平为70dBμV。

2）调整被测放大器的输出电平，使其达到最大工作电平。

3）改变可变衰减器的衰减量，使被测放大器的输入电平分别达到规定的最大值和最小值，当用场强仪（或选频电压表）测出输入电平分别为最大值和最小值时，输出电平相对于标准输入电平的变化量即为AGC特性。

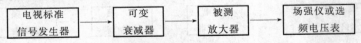

图9-15　放大器的AGC控制特性测量框图

（7）ASC控制特性　对于ASC干线放大器，输出电平斜率受输入电平斜率变化影响的大小，一般要求±2～±0.3。基本测试方法可参照AGC特性的测试方法。

三、干线放大器的性能判断方法

1. 电平指标的判断

用前端输出信号作为信号源，用场强仪测试，检查放大器是否有输出，AGC/ASC工作是否正常。

将放大器置于"自动"状态，调整可调衰减器，使测试放大器正常工作，然后使输入电平在±（3～4）dB范围变化，如果输出电平的变化没有超过±0.4dB，则说明AGC正常；调整可调均衡器，使输入电平斜率变化±（3～4）dB，如果输出电平斜率变化没有超过

±0.5dB，则说明 ASC 正常。如果 AGC、ASC 工作不正常，可能是前端没有加入导频信号，或者是导频频率与被测放大器的导频频率不一致，否则就应该考虑放大器是否有故障。

调整时，将场强仪或电平表接到被调整放大器的输出监测端（也可直接接到放大器的输出端），将场强仪或电平表接收频率调到本系统传输的最高频道的频率，调节放大器的增益控制钮或输入衰减器插件，使放大器在最高频道的输出电平等于设计值；接着改变场强仪或电平表的接收频率，直到本系统传输的最低频道频率；调节放大器的斜率控制钮，使放大器在最低频道的输出电平等于设计值为止。

具有自动电平控制的功能放大器（AGSC），采用的是双导频控制的 AGSC 组件，一个导频控制增益，一个导频控制斜率。该组件对应两个控制导频分别输出两个直流电压（在组件顶部有两个测试点，可用电压表监测电压值）控制增益的直流电压降低，可使干线放大器增益下降，反之增益升高。控制斜率的直流电压降低可使斜率增大即低频端衰减增大。当放大器输入信号电平下降时，AGSC 组件输出的直流控制电压会提高，反之直流控制电压则降低，达到自动控制的目的。该放大器增益控制范围大致为 ±4dB（即 8dB 范围）内，相应直流控制电压控制在 2.5～20V 内，超出这个范围，将不会有自动控制作用。

2. 交扰调制比的判断

交扰指一个频道的调制内容叠加（串扰）到另外一个频道上。它与频道数有关，其值为被测频道需要的调制包络峰-峰值与在被测载波上的转移调制包络峰-峰值之比，一般要求 46dB 以下。

交扰调制现象在电视屏幕上的反映是一条白色竖道从左至右扫动，严重时还会出现其他频道图像暗影重叠，俗称"鬼影"现象。因此测试交扰调制比，实际上是测量那个不应有的调制包络值。此值不能用场强仪测试，只能用主观评价方法评价。观察者如果发现电视屏幕上有白色竖道扫动，说明这项参数已超过国标标准允许极限值。如果出现"鬼影"现象，则说明交扰调制大大超过允许极限值，该放大器存在严重缺陷。

3. 信号交流声比的判断

信号与寄生调幅到载波信号上的电源交流峰值之比，一般要求 66dB 以上。交流声调制电视信号会在电视屏幕上造成上、下滚动的黑白色条。对它也不能用场强仪进行测试，只能用主观评价方法去观察电视屏幕上是否有上、下滚动的黑白色条。如果没有，可认为该放大器的信号交流声比符合国家标准；如果有，说明该系统已产生交流声调制，应排除故障后才可使用。

四、分支分配器的检测方法

分配器的主要元器件是线圈、电容、电阻，这些元器件都是不易损坏的，因此，对于分配器来说是没有多少维修量的。但实际上，因分配器故障而影响系统正常工作的情况也时有发生，其故障主要表现在两个方面：其一是匹配问题；其二是馈电问题。这些问题都是由于对分配器的电路构成没有从原理上深入理解造成的。

（1）匹配问题　分配器的各输入、输出端都接入 75Ω 阻抗时，线路才能达到匹配。在实际应用中，有时分配器的各输出端并非都用到，在剩下不用的一端必须接上 75Ω 电阻，以确保线路匹配。否则，线路的匹配状况被破坏，信号会产生反射，形成重影。

（2）馈电问题　当经过分配器馈电时，必须实现电视信号与交流电源的分离，使电源交流电压不进入分配器电路、不影响电视信号的传输，因此必须正确地安装隔离电容与供电电感线圈。在实际应用中，大多都是不馈电型分配器，经常需要自己动手来改装，如果改装中出现错误必将影响系统的运行。

分支器与分配器一样，其中的元器件都是不易损坏的。与分配器相比，分支器的阻抗匹配在这里不成什么问题，而其馈电问题却与分配器一样，故对在线路中应用的分支器尤其要注意，以免影响系统的运行。

对用于用户终端的分支器（用户盒或串接单元），由于它是安装在各个用户的室内，因此还常常遇到一些特殊的问题，就是当系统调整得不是很好时，某些用户处的电平可能较弱，个别用户往往私自乱动用户盒，影响了后面的用户，有时自己也不能很好地收看。例如当用户的电平较低时，有的用户便取下用户盒的输入线直接与电视机相连，这时信号会提高一些（等于分支损耗），收看效果也会变好一些，但这将会使后面的用户完全收不到信号，会影响一串用户。有的用户有两台电视机，就打开用户盒把两台电视机输入线都接在后面，使线路失配。还有的用户乱动用户盒时把输入、输出线接反，这时自己的信号电平更低（等于反向隔离），收看效会更差。

小　　结

1. 本章讲解了有线电视系统常用部件及常用仪器的相关知识，阐述了有线电视系统主要部件的检测方法及性能判断方法。

2. 天线、频率变换器、调制器、混合器、放大器、分支器、分配器等部件是有线电视系统的常用部件，它们直接决定着有线电视系统的性能。因此本章以这些部件为重点，详细讲解了它们的外形特征、常见分类、主要作用、主要特性以及检测方法。要正确地检测这些部件的性能，还要掌握场强仪、频谱分析仪、示波器以及电视信号发生器等常用仪器的使用方法，具备正确的测量知识。本章以调制器、放大器、分配器、分支器为例，阐述了这些基本部件的测量方法以及性能判断方法。

3. 本章的重点是有线电视系统常用部件的功能、外形、特性，以及场强仪、电视信号发生器等仪器的使用，难点是常用部件的测量方法及判断方法。

思　考　题

9-1　有线电视系统常用天线一般分为几大类？如何选用有线电视系统的天线？

9-2　频率变换器的主要功能是什么？主要有哪些技术指标？

9-3　调制器的主要性能参数有哪些？如何进行测量？

9-4　场强仪的基本使用方法是什么？主要用来测量哪些技术指标？

9-5　如何分析判断放大器的性能好坏？

9-6　如何检测分配器、分支器的常见故障？

第十章 CATV 系统的安装与调试实训

CATV 系统的安装与调试是工程的具体实施过程，也是决定整个系统质量的关键步骤。所以，按规范和规定的要求认真进行施工，是非常重要的。

安装与调试是较为复杂和较为细致的工程。科学地、合理地进行安装和调试，是工程顺利进行的必要保证。因此，本章将安排相关的实训内容，在实际动手的过程中，逐步提高安装、调试有线电视系统的能力。

第一节 基本安装配接技能的实训

一、实训目的

1）了解有线电视安装的主要步骤。
2）认识常用的安装工具，掌握其操作方法及用途。
3）掌握信号线缆与主要设备的常用配接方法。

二、实训所需器材（见表 10-1）

表 10-1 CATV 系统的安装与调试实训所需器材

器材名称	数量	器材用途说明	备注
冲击电钻	1 台	打各种安装孔	可配若干钻头
紧线钳	1 把	架设空中线路时用于拉紧电线或绞线	型号任选
梯子	1 副	架设空中线路时用于爬高	型号任选
安全带	1 条	架设空中线路时用于悬吊身体	型号任选
电工刀	1 把	剥皮、割线	型号任选
旋具	1 套	拆装器材的螺钉	型号任选
尖嘴钳	1 把	用于 F 头及 RCA 头的接线	型号任选
万用表	1 台	测量短路、开路故障及连通状况	型号任选
分配器	1 只	分配有线电视信号	型号任选
连接头	若干	用于 F 头及 RCA 头的接线	需 F 头、RCA 头
信号线	若干	有线电视信号及音视频信号的传输	标准 75Ω 线缆

三、实训内容

1. CATV 系统安装的主要步骤

CATV 系统安装的主要步骤如下：

（1）施工前的准备工作

1）准备齐全设计文件和施工图样，这些文件和图样应该经过会审和批准，修改的部分必须经主管人员签字。

2）认真熟悉施工图样及有关资料，熟悉各种设计资料、工艺要求、工程技术标准、器件部件安装位置等。设计人员应对施工人员进行技术交底，对特殊问题应做明确的交待。

3）准备齐全安装设备、仪器、器材、工具、辅材、机械以及有关必要的物品，如冲击钻、紧线钳、梯子、安全带等，以满足连续施工或阶段性施工的要求。施工前按照设备材料汇总表对所有器材进行清点、分类，并检查产品外观，无破损、变形和明显的脱漆现象。必要时，应备有施工中的通讯联络工具。

4）准备好施工现场的用电。

（2）进行现场调研

1）调查施工区域内建筑物的现场情况，包括新旧建筑的结构，破损房屋是否能进行施工，以便提出相应措施和解决办法。

2）了解施工区域内使用道路及占用道路（包括横跨道路）的情况，确定电缆敷设方式（埋地或架空及架空高度）。

3）查看允许同杆架设及自立杆的情况。

4）查看敷设管道电缆或埋设电缆的路线状况并对各管道做出路线标志。

经过上述调查后，如发现有影响施工的障碍物，应提前清除；如涉及其他部门的管辖范围应征得各有关部门的同意和支持；如发现施工现场有影响施工或不能施工的情况，应及时和有关单位联系，协商解决。

施工现场在室内时，应该在主体工程完毕、内装修开始或已有本系统工程的各类预埋管道（并符合要求）的情况下开始进行施工。对改造性工程，应与用户单位协调好管线的走向、安装方式等情况下再进行施工。

（3）进行现场施工　在完成上述各步骤之后，就可以具体进行安装施工了。

1）确定施工步骤及人员安排。施工人员较少时，按信号传输方向安装天线、前端机房设备、干线、分配网络、用户终端；当施工人员较多时，一部分人从天线、前端机房设备开始，另一部分可同时安装分配网络和用户终端。

2）安装天线（包括卫星天线、MMDS天线及开路天线）。

3）安装前端系统，并进行调试。

4）进行主干线路及分配网络的安装架设。

5）进行用户室内接口的安装。在人力允许的情况下，可与主干线的安装同期进行。

6）检查调试整个系统。

在上述过程中，应进行随时的、必要的检查和测试，严格遵守有关安装的具体规定和要求。

2. 常用的安装工具

有线电视工程的施工中主要使用的工具包括：冲击电钻、锤子、紧线钳、大小扳手、折叠梯子、电焊机、钢锯、电工工具、安全带、场强仪、数字万用表、对讲机、运输车辆等。下面介绍两种主要工具。

（1）冲击电钻的用途 当调节手柄在旋转无冲击位置时，装上普通麻花钻头能在金属上钻孔；调节手柄在旋转带冲击位置时，装上镶有硬质合金的钻头，能在砖石、混凝土等脆性材料上钻孔。

（2）紧线钳的用途 架设空中线路时用于拉紧电线或绞线。紧线钳由钳和紧线机构两部分组成。平口式紧线钳利用杠杆原理，通过线的拉力来夹层线，虎头式紧线钳则通过螺杆螺母把线夹紧。这两种钳都用棘轮机构实现紧线作用。使用要点：根据线材的规格使用相应的紧线钳，使用时发现打滑现象时应立即停止使用，待消除打滑后方可使用。

常用工具的正确使用方法请参阅其说明书。

3. 常用配接方法

有线电视系统是用各种各样的接插件将设备和传输信号线配接在一起的，其中任何一个配接点可靠性不高，都将导致严重故障，加之其故障定位麻烦，所以配接质量必须引起高度重视。

由于有线电视系统是 75Ω 系统，因此接插件阻抗均应为 75Ω。接插件分插头和插座，插座指安装在面板或底座上（或不安装）并且是被动连接部分，插头是与插座相配合的带有连接螺母或锁紧装置的主动连接部分。

有线电视系统使用的配接方法有 F 型、RCA 型、BNC 型（原 Q9 型）等。F 型配接方法用于连接各型号传输信号电缆，可将 −5、−7、−9 型射频 75Ω 电缆与分支分配器等连接起来。在有线电视系统中，RCA 型及 BNC 型配接方法常常用来配接前端设备间的音、视频信号。

常用 F 型配接方法的示意图如图 10-1 所示。

电缆的芯线是铜包铝材料，外导体是无缝铝管，内外导体绝缘是微孔聚乙烯。外皮（防护套）是聚乙烯塑料。先将电缆连接端用开线器切齐或用剪刀剪齐，再将外皮去掉适当长度（一般去掉 3.5cm）露出铝管，用专用掏孔器内旋刀掏出内外导体间绝缘微孔聚乙烯。然后，用专用工具或钢锯将铝管去掉 2.0cm，露出芯线，注意不要损伤芯线。外导体铝管的端部用专用工具的外旋刀削平。一定要把芯线和外导体管内壁上与连接器接触部位的残留介质去净，保证芯线与插针和外导体铝管内壁与连接器外壳接触良好。将连接器或螺母和中套套在已做好的电缆端部，再把芯线插入连接器头部插孔或带螺纹的开口插孔内。在拧紧连接器中套螺纹时，将插孔周围绝缘塑料顶紧，同时挤压插孔，待芯线与插孔紧密接触时将连接器头右旋几圈。因孔口有螺纹，旋几圈后，使芯线伸到插孔底部，同时与插孔接触良好。最后，将后螺母拧紧。因后螺母与电缆外导体铝管接触部位也有螺纹，旋紧后与铝管外部也接触良好。电缆连接头的制作与安装如图 10-2 所示。安装连接器时要注意螺钉紧度要合适，如过松会导致接触不良并使防水性能变差；如过紧会使电缆出现变形并造成此处阻抗失配。

系统调试完成后，要用热缩管或密封胶带对接头做防水处理，接头两端热缩管要压缆 $2.5\sim3.0cm$。

四、实训步骤

1）参观有线电视系统，了解有线电视系统的安装步骤。

2）了解常用的安装工具，掌握其操作方法及用途，并动手实践。

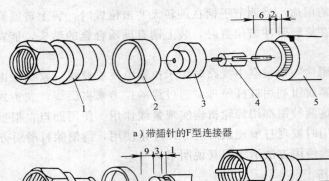

a）带插针的F型连接器

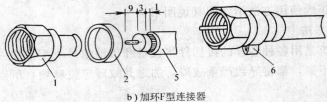

b）加环F型连接器

图 10-1 常用 F 型配接方法的示意图

1—高频插头 2—轧头 3—绝缘子 4—插针 5—电缆

6—高频插头和电缆紧固轧头

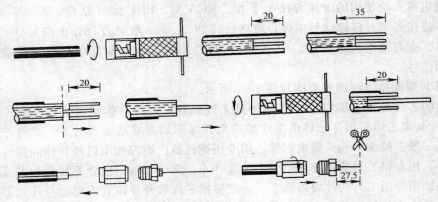

图 10-2 电缆连接头的制作与安装

3）用 F 型配接方法将－5 型射频电缆与分配器连接起来。

4）用 RCA 型接插件制作一对音视频连接线，并测试其好坏。

五、实训总结

1）谈谈自己对有线电视系统的认识。

2）总结 F 型配接的方法和标准。

第二节 前端设备的连接和调试实训

一、实训目的

1）认识有线电视系统常见的前端设备。

2）掌握前端设备的安装方法。

3）掌握前端设备的基本调试方法。

二、实训所需器材（见表 10-2）

表 10-2　前端设备的连接和调试实训所需器材

器材名称	数量	器材用途说明	备注
设备机架	1 套	安装前端设备	—
控制台	1 套	安装控制设备及监视监听设备	—
调制器	2 台以上	调制音、视频信号	—
频道处理器	2 台以上	处理射频信号	—
分配器	1 只	用于简易混合信号,代替混合器	—
卫星接收机	多台	接受卫星电视节目	—
监视器	多台	监视电视节目	—
场强仪	1 台	用于测试信号场强	—
旋具	1 套	拆装器材的螺钉	型号任选
尖嘴钳	1 把	用于 F 头及 RCA 头的接线	型号任选
万用表	1 台	测量短路、开路故障及连通状况	型号任选
连接头	若干	用于 F 头及 RCA 头的接线	需 F 头、RCA 头
信号线	若干	有线电视信号及音视频信号的传输	标准 75Ω 线缆

三、实训内容

1. 有线电视系统常见的前端设备

有线电视系统的前端设备，包括信号接收系统（室外部分）和前端机房设备，是整个有线电视系统的核心部分。信号接收系统又包括卫星电视接收系统、开路电视信号接收系统等。前端机房设备主要包括控制台、频道处理器、导频信号发生器、调制解调器、混合器等。本节主要讨论前端机房设备的连接与调试。

2. 前端设备的安装方法

安装前必须对设备进行检查：1）外观检查，看是否有破损。2）检查内部是否有部件松动短路现象。3）通电检查是否正常工作，然后才能进行安装。

前端设备应安装在靠近天线的专用设备间，使用面积多在 20m² 以上，如果需要自制节目，可另外设置演播室和相应的节目制作用房，室内温度应保持在 23℃±5℃。

机房设备的布放应遵循以下几点：

1）前端设备的布置应依据实际需要合理布局，既要整洁、美观、实用，又要便于操作、管理和维护。前端设备与控制台的安装应按机房平面布置图进行，首先把设备机架与控制台定位；机架和控制台到位后，均应进行垂直度调整，并从一端按顺序进行；几个机架并排一起时，两机架间的缝隙不得大于3mm；机架面板应在同一平面上，并与基准线平行，前后偏差不应大于3mm；对于相互有一定间隔而排成一列的设备，其设备前后偏差不应大于5mm；机架和控制台的安放应竖直平稳。

2）前端设备（如调制器、频道处理器、混合器）一般都组装在结构坚固、防尘、散热良好的标准箱、柜或立架中，固定的立柜、立架背面与侧面离墙面净距不小于0.8m。立架中应留有不少于两个频道部件的空余位置。

3）前端机房和演播控制室可设置控制台，控制台可安装卫星接收机、录像机等。控制台正面与墙的净距不小于1.2m。侧面与墙或其他设备的净距、主要通道不小于1.5m，次要通道不小于0.8m。

4）对于大中型系统可配置监视机架，用来安装电视机和监视器。

5）在有光端机（发送机、接收机）的机房中，光端机上光缆应留有10m余量。余缆应盘成圈妥善放置。

由于前端设备在低电压、大电流和高频率的环境条件下工作，如布线不当，会产生不必要的干扰和信号衰减，影响传输质量，同时又不便于对线路的识别。因此，在布线时要遵守以下要求：

1）机房内电缆采用地槽布放时，电缆由机架底部引入。布放在地槽内的电缆应顺着电缆所盘方向理直，按电缆的排列顺序放入槽内，顺直无绞拧，并且不得绑扎。电缆进出槽口时，拐弯处应成捆绑扎，并符合最小弯曲半径要求。

2）采用架槽布放时，电缆在槽内布放可不绑扎，并留有出线口。电缆应由出线口从机架上方引入，引入机架时，应成捆空绑。

3）采用电缆走道敷设时，电缆也应由机架上方引入。走道上布放的电缆，应在每个梯铁上进行绑扎。上下走道间的电缆或电缆离开走道进入机架内时，应距弯点10mm处开始，每100～200mm空绑一次。

4）采用活动地板时，电缆应顺直无绞拧，不得使电缆盘结，引入机架应成捆绑扎。

5）机房内连线较多，线缆的敷设在两端应留有余量，标记明显编号，排列规范整齐，便于检修维护。各种电缆插头的装设应按产品特性的要求进行，并做到接触良好、牢固、美观。

6）演播控制室、前端机房内的电缆一般采用地槽敷设。对改建工程或不宜设置地槽的，也可采用电缆槽或电缆架，并置于机架上方。采用电缆架敷设时，应按分出线顺序排列线位，并绘出电缆排列端面图。

7）电缆与电源线在穿入室内处要留防水弯头，以防雨水流入室内。防水弯头的弯曲度不得小于电缆的最小弯曲半径。电缆沿墙上下引时，应设支撑物，将电缆固定（绑扎）在支撑物上；支撑物的间距可根据电缆的数量确定，但不得大于1m。

8）各设备均应保持良好接地，射频电缆的屏蔽层与设备机壳要接触良好。电源线与信号线要分开架设，不要相互平行走线，以防相互干扰；视频、音频、射频和天线馈线尽量垂直交叉。射频电缆线的长度应尽可能的短，并且不要迂回走线。

3. 前端设备的基本调试方法

一般情况下，选用的前端设备来自不同的生产厂家，调试工作的具体要求和方法不尽一致，所以要先熟悉产品技术说明，然后按有关技术资料进行调试。前端设备的基本调试方法如下。

1）调试信号可以采用电视信号发生器和音频信号发生器产生的信号，也可以采用电视接收天线接收下来的电视信号。

2）将电视信号接入天线放大器输入端，输出端接上彩色监视器或场强仪，调节放大器增益控制电位器，使电平指示的数值符合设计要求，或者使观察到的彩色监视器显示的图像清晰鲜艳。把视频、音频信号送入调制器，并把各调制器的射频输出与电视接收天线输出接入混合器相对应的频道端子上，在混合器的输出端接入场强仪，在调试时，分别把调制器的射频增益调为一致，高频段的增益比低频段的增益要稍微高些，其射频电平一般调在80～95dB。然后把混合器输出信号送入彩色监视器，用彩色监视器收看各频道图像，依次调整各调制器的视频、音频增益，使各频道图像色彩鲜艳、自然，伴音清晰、均匀。最后把混合器输出接入主放大器进行功率放大，使放大器输出电平调整在110～115dB之间。

3）上述调整完成后，要对整个前端系统连接起来加电调试，即联调。将场强仪接在前端的总输出口，微调各频道处理器和电视调制器的增益与V/A比控制旋钮，使各频道输出信号电平基本一致，V/A比为−17dB。如果干线放大器采用倾斜方式，应使各频道输出的信号电平有所倾斜，即高频道端略高，低端略低（最高电平与最低电平差值不超过5dB）。最后接入彩色监视器，微调各频道调制器的视频调制度控制旋钮和音频频偏控制旋钮，使各频道图像亮度、音量保持一致。

4）在前端设备调试过程中，应注意解决以下常见问题。

① 图像雪花干扰明显。检查相应频道信号是否接通，相应的设备是否工作，天线方向是否正确。用场强仪或监视器检查，可很快查明故障所在位置。

② 有交扰现象。用场强仪测输入到放大器的各频道信号电平，可适当降低强信号频道的输入电平，提高弱信号的输入电平；或全部降低各频道信号输入电平。如还出现交扰现象，可用监视器直接收看放大器输入端信号，如交扰消除，说明放大器存在非线性失真，需检修或更换放大器。

③ 出现重影。检查各频道输入、输出端的接头是否匹配，周围有无反射存在。

④ 输出端各频道信号电平差较大。需调整放大器不同频道的增益，一般调整混合器输入端各频道的电平值和不同频道放大器的增益，降低高电平，提高低电平。

4. 前端系统的电源

有线电视前端系统的电源，相对来说要求是比较严格的。一是要求电压要稳定；二是要求原则上不能停电；三是在电源功率上必须满足整个系统的需要。在供电方式上，一般来说，应该从系统的中心向各有关设备统一供电，统一控制。电源的开关控制仍要由系统的控制中心进行操纵。在有条件的情况下，供电电源应采用净化稳压电源。净化稳压电源的功率应比整个系统的用电功率大1倍以上。安防要求在二级风险以上的单位，应采用不间断电源（UPS）在线连接。在这种情况下，供电的直流电源一定要稳压性能好、纹波系数小，并且供电功率一定要满足要求（为实际用电功率的1.5倍）。同时，根据供电距离的长短，考虑供电电线的线径应满足要求，以避免产生较多的电压降。

为了避免电源之间的50Hz干扰，机房一般采用单相三线制供电，机房外线为三相五线制380V。进入机房后为了确保机房不断电工作，可采用主、备两台稳压电源，分别接A相和B相，C相接其他用电设备，零线并联后单独接入接地铜线。因为三相供电负载不可能绝对平衡，零线中总会有一定电位，如果在机房内把零地线接在一起，设备相互之间便有一定电压差，形成干扰回路。接地设备越多，干扰越大，因此在机房内，零线和地线必须分开。

5. 前端设备的接地

前端设备是CATV系统的中心，如果在附近发生雷击，则会在机房内的金属机箱和外壳上感应出高电压，危及设备及人身安全。前端设备的电源漏电也会危及人员的安全。因此，对机房内的所有设备，输入、输出电缆的屏蔽层，金属管道等都要作接地处理，不能与屋顶天线的地接在一起。设备接地与房屋避雷针接地以及工频交流供电系统的接地应在总接地处连接在一起。

四、实训步骤

1）了解前端机房的电源系统及信号输入与输出情况。
2）根据前端设备的情况，设计安装位置及安装步骤。
3）正确摆放设备机架及控制台。
4）将卫星接收机、调制器、频道处理器及分配器等设备安装在设备机架中。
5）将相关控制设备及监视器安装在控制台中。
6）进行设备间的连线，可采用地槽布线，也可采用架槽布线。
7）用分配器将各路电视信号混合输出，用场强仪进行测试。
8）配合监视器，用场强仪进行系统调试。

五、实训总结

1）总结前端设备的安装方法和注意事项。
2）总结前端设备的调试方法和注意事项。

第三节 卫星电视接收系统的安装与调试实训（选用）

一、实训目的

1）了解卫星电视接收系统的构成及安装步骤。
2）掌握天线选址及装配的方法。
3）学会天线方位角及仰角的正确调试技巧。

4) 掌握系统的防雷与接地技术。

二、实训所需器材（见表10-3）

表 10-3　卫星电视接收系统的安装与调试实训所需器材

器 材 名 称	数　量	器 材 用 途 说 明	备　注
卫星接收天线	1 套	包含高频头、馈源、功分器	—
卫星接收机	1 台	接收卫星电视节目	—
经纬仪	1 台	用来测量天线方位及方位角	可用指南针代替
场强仪	1 台	测量天线接收信号的场强	—
监视器	1 台	观测接收信号的质量	—
常用安装工具	1 套	安装天线，固定馈源	—
天线基础材料	若干	固定天线基座	—
连接头	若干	用于 F 头及 RCA 头的接线	需 F 头、RCA 头
信号线	若干	传输信号	标准 75Ω 线缆

三、实训内容

1. 卫星接收系统的安装

卫星电视接收系统由室外和室内两部分组成。一般情况下，卫星电视接收站与有线电视系统前端合建在一起或处于相邻位置。

卫星电视接收系统的安装是先将室内外部件安装好，然后按信号流程关系，把室外部件的高频头和室内部件的接收机用传输线连接起来，并把接收机解调输出的图像信号和伴音信号，送到调制器调制到某一电视频道上。

1) 选择接收系统的安装位置。根据设计方案，计算出接收设备所在地接收天线对卫星的方位角和仰角，并现场测量。要做到天线接收方向范围内无高山、大树、高大建筑等障碍物，以满足接收点开阔空旷的要求；站址周围应避免强电磁场的干扰；天线座架直接安装在地面上时，站址的地质条件要求土层良好，地层结构要坚实稳定。同时，对于大口径天线，应避免建在风口上并做好防风处理。

2) 选好站址后，根据实际情况和天线生产厂家的要求预先做好天线底座的地基施工。

3) 天线底座的基础做好后，安装天线座架。首先校正水平，然后固定各支撑脚的螺栓、螺母，最后装上俯仰角和方位角调节部件。安装天线座架要注意天线方向性。

4) 天线反射板的安装。一般天线反射板的拼装按生产厂家说明书要求在平地上进行，拼装好后整体吊装到天线支架上。反射板与反射板拼接时，螺丝暂不紧固，拼装完成后，在调整板面平装时再紧固。在安装过程中不要碰伤反射板，同时还要注意安装馈源支杆的三瓣反射板的位置。

5) 安装馈源支架和馈源固定盘。

6) 馈源、高频头的安装。把高频头的矩形波导口对准馈源的矩形波导口，两波导口之间应对齐，并在凹槽内垫上防水橡皮圈，用螺钉紧固。将连接好的馈源、高频头装入馈源固定盘内，并对准抛物面天线中心焦点位置。

2. 卫星接收系统的调试

将卫星电视接收系统的室外单元、室内单元及监视器（或电视机）连接起来。将室外单元 LNB 输出与室内单元卫星接收机中频（IF）输入端用 75Ω 同轴电缆连接好，将卫星接收机视音频输出端与监视器视音频输入端用视音频线连接好。查阅欲接收卫星信号的下行中心频率，将卫星接收机置于该频道。卫星天线的方位角、仰角的初始位置调到已计算的位置上。再将天线仰角移动一次（<0.5°），方位角搜索一次（开始时可大范围搜索，找到欲收信号后可在±5°范围内搜索）。当搜索到某一位置，电视机屏幕出现电视画面，可能画面不理想，有许多噪点，这时先调一个轴，如方位角，使图像达到最好状态。然后，再调仰角，使图像更好。这样反复几次，边观察边调整，直到图像质量最佳。与此同时，也要进行接收机频道细调，以获得清晰图像。

最后，锁紧调整机构，并做上方位角、仰角位置和电平指示位置的标志，供以后查考。

3. 系统的防雷与接地技术

1）如果卫星电视接收站抛物面天线与地面开路接收天线安装在一起，并在后者避雷装置有效保护半径内，则不必安装单独的避雷装置，但应保证天线接地良好（接地电阻不大于 4Ω）。

2）若在雷雨较多地区、空旷平地上或不在上述避雷装置有效保护半径之内，则应在天线主反射面的上沿或前反射面的顶端，焊接长度约 2.5m，直径约 20mm 的避雷针。

四、实训步骤

1）了解卫星电视接收系统的构成。

2）选好安装位置，计算天线的方位角和仰角。

3）浇注天线底座的固定基础。

4）架设天线，安装天线反射板、馈源及高频头。

5）将天线对准方位角和仰角，调试好后进行紧固。

6）安装好系统的防雷及接地设施。

五、实训总结

1）总结卫星天线的安装步骤。

2）阐述卫星天线的调试方法。

第四节　系统其他部分的安装与调试实训（选用）

一、实训目的

1）熟悉 MMDS 天线及开路天线的架设方法。

2）掌握主干线及支线的架设工艺。通过安装分配系统的设备，掌握分配器、分支器及终端盒的安装技巧。

二、实训所需器材（见表10-4）

表10-4　系统其他部分的安装与调试实训所需器材

器 材 名 称	数 量	器 材 用 途 说 明	备 注
冲击电钻	1 台	打各种安装孔	可配若干钻头
紧线钳	1 把	架设空中线路时用于拉紧电线或绞线	型号任选
梯子	1 副	架设空中线路时用于爬高	型号任选
安全带	1 条	架设空中线路时用于悬吊身体	型号任选
常用工具	1 套	用于有线电视系统的安装	—
万用表	1 台	测量短路、开路故障及连通状况	型号任选
电视天线	1 套	接收 MMDS 电视信号及开路电视信号	—
放大器	若干	天线放大器和干线放大器	
分配器	若干	分配有线电视信号	型号任选
分支器	若干	分流有线电视信号	—
用户终端盒	若干	接插用户电视机的信号	
连接头	若干	用于 F 头及 RCA 头的接线	需 F 头、RCA 头
信号线	若干	有线电视信号及音视频信号的传输	标准 75Ω 线缆

三、实训内容

1. 开路电视及 MMDS 电视信号接收天线的安装

在安装开路电视及 MMDS 电视信号接收天线时，首先应选择一个好的安装场地，接收天线的安装场地一般在前端机房上面。应注意以下几点：

1）选择建筑物的最高点，朝向电视台的方向应没有遮挡物。

2）选择重影的最小点，天线的周围一般不可能没有反射物，要尽量避开反射物形成的反射波，可在现场用电视机来观察。

天线的电场强度随天线高度的分布虽然总的趋势是天线越高电场越强，但它是呈波动上升的，收到波峰的矮一点的天线，可能比收到波谷的高一点的天线场强要强，反射波也是如此。在实际选择时，既要考虑在有限的天线塔杆高度范围内收到尽可能强的信号，又要考虑直射波与反射波的比要尽可能大，使重影最小。水平方向也是如此。

3）选择干扰最小点，应尽量避开汽车频繁行驶的街道及交叉公路口，尽量远离电磁干扰源。

架设天线时，首先按照厂家给出的装配图组装天线本体，然后参照安装说明将天线架在组合杆上。

4）天线基础应按工程设计要求用混凝土浇注，其位置应在建筑物承重墙上，基础尺寸应不小于 600mm×600mm×400mm。

5）天线组合杆先在地面组装好以后再竖立固定，竖杆在固定后应使用 Φ6mm 以上镀锌圆钢将竖杆各段之间、引下线和地网之间进行焊接，各焊点长度应大于100mm。

6）天线组合杆应安装防风拉绳，拉绳与竖杆角度一般为45°，3根拉绳按120°等分，拉绳方向不得位于天线指向的正面，拉绳宜采用截面不小于25mm²的镀锌钢绞线。

7）天线放大器的供电插入应在保安器之前，天线放大器的供电电源最好与前端电源分开。

天线是全天候工作的，除了在设计和制造时应考虑防水密封措施外，在架设安装时还需注意在有源振子馈电处装好防水罩，密封圈应装好压平，在电缆头接插处的密封橡皮圈要装好，并在各连接处涂上硅橡胶或环氧树脂，或用热缩管封上。

架设天线时，要尽量消除重影现象。重影产生的主要原因是：①发射天线系统存在严重失配，反射波辐射到空中被接收天线接收；②接收天线严重失配，馈线又较长。

在大城市，由于电视节目信号很强，所以反射波信号也较强，容易造成干扰，产生重影。如果直射波和反射波同时到达接收天线，由于行程差使两者相位不同步，也会形成重影。一些移动的物体也会产生干扰，造成不固定的重影。

接收天线附近的铁塔、高压输电线等都会形成反射波，成为干扰源，因此在架设接收天线时，除了应考虑场强因素外，还应考虑避开反射波。如果接收天线只能架设在有反射波的地点，可采取以下措施阻挡或消除反射波进入接收天线：

1）建造一个网状阻挡墙。

2）在天线后面设计屏蔽装置。

3）使天线的零点对着反射点，转动接收天线，以实际收看效果为准，尽量避开反射波。

4）若采用两副天线，调整天线的架设位置，找到最佳点，使两副天线接收到的直射波相位相同，反射波相位相反，输出的合成波为直射波相加，反射波相抵消，也可达到消除重影的目的。

2. 干线的安装

干线应力求线路短直、安全稳定、可靠，便于维修和检测，并使线路避开易受损场所，减少与其他管线等障碍物的交叉跨越。

室外线路敷设方式可采用架空明线或者地埋。架空明线一般都是与照明电杆、通信电杆同杆架设，也可以沿着墙壁架挂。

当用户的位置和数量比较稳定，要求电缆线路安全隐蔽时，可采用直埋电缆敷设方式；当有可供利用的管道时，可采用管道电缆敷设方式，但不得与电力电缆共管孔敷设。对下列情况可采用架空电缆敷设：1）不宜采用直埋或管道电缆敷设；2）用户的位置和数量变动较大，并需要扩充和调整；3）有可供利用的架空通信、电力杆路。当有建筑物可供利用时，前端输出干线、支线和入户线的沿线，可采用沿着墙壁敷设电缆，架挂位置要避开暖气管道或与其保持一定距离。

电缆在室外用电杆敷设时，必须用钢绞线和挂钩架挂，过道低的电缆用加高电杆。有些地方干线和支线可能结合在一起用同一根钢绞线架挂，需注意防止两根电缆接错。电缆在两幢房屋之间架设时，钢绞线两端可用膨胀螺栓或者穿墙螺栓固定。沿墙壁爬行的电缆可用专用电缆卡每隔0.8m左右固定一个。

电缆在室内敷设时，对于新建或有内装修要求的已建建筑物，可采用暗管敷设方式。

对无内装修要求的已建建筑物可采用线卡外敷方式。不得将电缆与电力线同线槽、同出线盒、同连接箱安装。外敷的电缆与外敷的电力线的间距不应小于0.3m。

架设架空电缆时，应先将电缆吊线用夹板固定在电杆上，再用电缆挂钩把电缆卡挂在吊线上，挂钩的间距为0.5～0.6m，如图10-3所示。

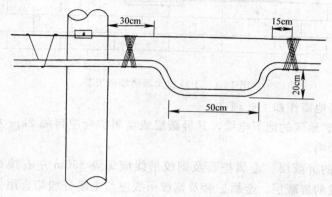

图10-3　架空干线电缆的安装

架设墙壁电缆应先在墙上装好墙担，把吊线放在墙担上收紧，用夹板固定，再用电缆挂钩将电缆卡挂在吊线上。墙壁电缆沿墙角转弯，应在墙角处设转角墙担。

电缆采用直埋方式时，必须使用具有铠装的能直埋的电缆，其埋深不得小于0.8m。紧靠电缆处要用细土覆盖10cm，上压一层砖石保护。在寒冷的地区应埋在冻土层以下。

电缆采用穿管敷设时，应先清扫管孔，并在管孔内预设一根铁线，将电缆牵引网套绑扎在电缆头上，用铁线将电缆拉入到管道内。敷设较细的电缆可不用牵引网套，直接把铁线绑扎在敷设的电缆上。

布放电缆时，应按各盘电缆的长度根据设计图样各段的长度选配。电缆需要接续时应按电缆生产厂提出的步骤和要求进行，连接方法有：1）对同种型号电缆用电缆连接头连接，对不同型号电缆用电缆专用转接头连接；2）直接连接：把两段电缆的端头剥开，把屏蔽层和芯线分别焊接，在连接处用绝缘胶布隔开并作防水处理。

野外安装的干线放大器和分支器分配器都是压铸铝合金外壳，防水、防潮、抗电磁场干扰，可直接悬挂在钢缆上，放大器外壳上有两个压板，松开紧固螺钉，把钢缆卡在压板的V形槽中，旋紧螺钉即可。目前国内有些干线放大器需要配用专用插头插座，购买时一定要配套购买。干线放大器输入、输出的电缆，均应留有余量，连接处应有防水措施。

在架空电缆线路中，干线放大器安装在距离电杆1m的地方，并固定在吊线上；在墙壁电缆线路中，干线放大器应固定在墙壁上，若吊线有足够的承受力，也可固定在吊线上，如图10-4所示。

干线设备的安装包括：各种接头的连接，干线放大器、供电器及电源插入器、分支、分配器等设备和装置的安装。电缆及设备的连接器有F型连接器和专用连接器，分别有各种型号及英制、公制等，要根据电缆和设备的种类来选用，一般室外干线接头不允许使用F型连接器。专用连接器的使用应严格按厂家提供的工艺要求进行，连接器的型号应与电缆和所接的设备、装置相配套。在制作连接头时需要用掏孔器、开线器等专用工具。

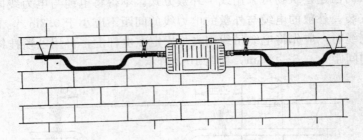

图 10-4　干线放大器的墙壁安装

干线系统的接地需作如下处理：

1）埋没于空旷地区的地下电缆，其屏蔽层或金属护套应每隔 2km 左右接地一次，以防止地感应电的影响。

2）架空电缆的屏蔽层、金属护套及钢绞吊线应每隔 250m 左右接地一次，在电缆分线箱处的架空电缆的屏蔽层、金属护套及钢绞吊线应与电缆分线箱合用接地装置。

3）各种放大器、电源插入器的输入端和输出端均需安装快速放电装置，外壳需接地。

3. 支线的安装

从干线传输系统的某个输出口通向分配系统的线路称为支线，支线的架设方式有架空、附墙和暗埋。

建筑物间支线架空敷设时，电缆架设高度应大于 5m；电缆在固定到建筑物上时，应安装吊钩和电缆夹板；电缆在进入到建筑物之前先做一个 10cm 的滴水环；进出建筑物的电缆应穿带滴水弯的钢管敷设，钢管在建筑物上安装完毕后，应对墙体按原貌修复。建筑物间电缆的跨距大于 50m 时，应在中间另加立杆支撑；同一条吊线最多吊挂两根电缆，用电缆挂钩将支线电缆挂在吊线上面，挂钩间距为 0.5m，如图 10-5 所示。

建筑物间支线暗埋敷设时，应加钢管保护，埋深不得小于 0.8m，钢管出地面后应高出地面 2.5m 以上，用卡环固定在墙上，电缆出口加防雨保护罩。

建筑物间沿墙敷设电缆时，应在建筑物的一层至二层楼之间安装墙担（拉台），墙担间距不超过 15m，墙担用膨胀螺栓固定在建筑物外墙上，电缆经过建筑物转角处要安装转角担，电缆终端处安装终端担。电缆沿墙敷设应横平竖直，弯曲自然，符合弯曲半径要求，挂钩或线卡间距为 0.5m。

建筑物内的电缆敷设分成明装和暗装两种方式。建筑物内电缆明装时，电缆应从侧墙打孔进入楼道，孔内要求穿带防水弯的钢管保护，以免雨水进入，电缆要留滴水弯，在钢绞线处用绑线扎牢。电缆进入建筑物后，需沿楼梯墙上方用钢钉卡或木螺钉加铁卡，将电缆固定并引至分支盒，电缆转弯处要注意电缆的弯曲半径要求。电缆卡之间的间距为 0.5m。楼层之间的电缆必须加装不短于 2m 的保护管加以保护。分支器放在分支盒内，保护管用铁卡环固定在墙上。敷设过程中，不得对电缆进行挤压、扭绞及施加过大拉力，外皮不得有破损。建筑物内的电缆敷设完成后，楼板孔要用水泥封好，恢复原貌。

对于新建房屋应采用分支-分配式设计并暗管预埋。砖结构建筑物的管道可在建筑施工时预埋在墙中，而板状结构建筑物的管道可事先预埋浇注在板墙内。敷设电缆时必须按照建筑设计图样施工。预埋的管道内要穿有细铁丝以便拉入电缆；管道口要用软物或专用

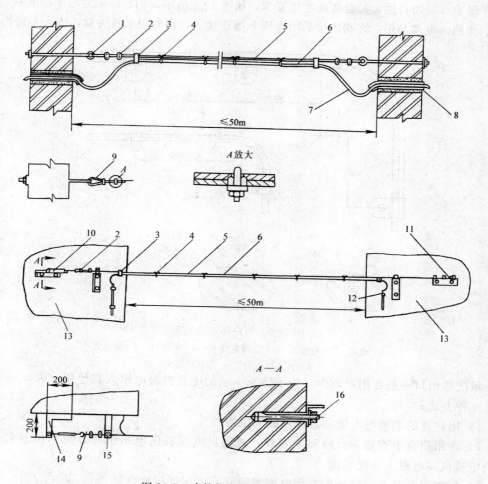

图 10-5 建筑物之间支线电缆的安装

1—螺钩 2—钢索卡 3—挂带 4—挂钩 5—钢绞线 6—电缆 7—滴水弯 8—护管 9—心形环
10—花兰螺栓 11—索具卸扣 12—电缆卡 13—墙面 14—角钢架 15—压片 16—金属胀管

塑料帽堵上，以防泥浆、碎石等杂物进入管道中。敷设电缆的两端应留有一定的余量，并要在端口上做上标记，以免将输入、输出线搞混。

支线系统所用的分支、分配器的输入、输出端口通常是 F 型插座（分英制、公制两种），可配接 F 型冷压接头，各空接端口应接 75Ω 终端负载。分支、分配器在建筑物内明装时，可将其用螺钉固定在分支器箱或防水盒内。暗装时，可将分支器或分配器固定在每层楼道预埋的分支器铁箱中。所有分支器在安装时，一定要注意输入和输出的连接，千万不要将入、出的方向搞错，否则会严重影响电视收视效果。

4. 终端的安装

用户终端是系统与用户电视机连接的端口，一般应安装在距离地面 0.3～1.8m 的墙上，用户盒到电视机之间的用户线长度最好不超过 3m。终端盒分明装和暗装两种方式。

明装时，用户电缆应从门框上端钻孔进入住户，用塑料钉卡钉牢，卡距应小于 0.5m，布线要横平竖直，弯曲自然，符合弯曲半径要求，如图 10-6 所示。用户终端盒应牢固安装，不得松动、歪斜。电缆与用户终端连接采用冷压 F 型连接器，用专用工具夹紧，接头不得松动。

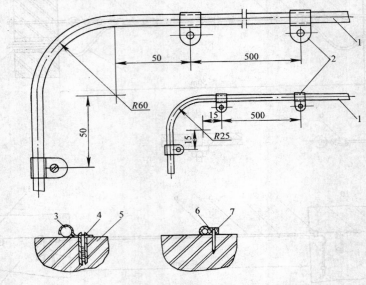

图 10-6　用户终端的安装

1—电缆　2—电缆卡　3—金属电缆卡　4—木螺钉　5—膨胀管

6—高强度钢钉　7—塑料电缆卡

系统输出口一般在用户家中，为了防止一家的电视机漏电窜入其他用户家，一般采用以下 4 种方法：

1）用户盒的芯地与电缆的芯地用隔离电容器分开。

2）在用户盒上安装一只隔离电容器，使用户电视机供电系统和分配系统隔离，防止用户电视机漏电窜入分配系统。

3）把用户盒的芯与电缆的芯用电容器隔开，要保证接地良好。

4）在用户盒的芯地之间并接一个放电元件，当放电时，其电阻很小，同时外导体要保证接地良好。

现在采用较多的是第 3）种方法。

四、实训步骤

1）按照工艺要求，安装 MMDS 天线及开路电视信号。

2）观察干线常见的架设方法及工艺要求。

3）动手安装楼层内的支线系统，分别用明装和暗装的方法。

4）按照工艺要求安装室内用户接线盒。

五、实训总结

观察并总结有线电视系统线缆及设备的安装工艺要点。

第五节　系统调试实训

一、实训目的

1）了解系统调试的基本方法。
2）掌握系统主要设备的调试与测试方法。
3）学会独立进行分系统及整个系统的测试与调试。
4）在调试工程中，能正确地排除各种干扰现象。

二、实训所需器材（见表10-5）

表10-5　系统调试实训所需器材

器材名称	数量	器材用途说明	器材名称	数量	器材用途说明
场强仪	1台	测试射频传输系统的信号质量	噪声发生器	1台	用于系统信噪比的测量
电视信号发生器	1台	产生标准的测试电视信号	小型监视器	1台	用于室外分系统信号质量的主观测试
			扫频仪	1台	用于频带宽度的测量
示波器	1台	用于各种信号波形及参数的测量	万用表	1台	测量电压、电阻及电流等

三、实训内容

1. 系统的调试

调试工作是整个系统完成的最后技术阶段，也是技术性强、环节复杂、易出现各种问题的阶段。比较好的调试顺序应该是：分设备调试、分系统调试、系统联调。

（1）单项设备的调试　单项设备的调试一般应在设备安装之前进行。单项设备在安装之前如能调试或测试完毕，在完成整个系统的安装之后进行分系统调试或整个系统联调时，则既能做到心中有数，又能起到事半功倍的作用。在单项设备的调试中，要注意同类同型号设备性能的一致性。某些同类同型号的设备性能不能调试一致，估计会影响系统整体性能时，应考虑更换或设法用与其相连接的设备或部件进行补偿。

（2）分系统的调试　分系统的调试包含两个方面的概念，一个是按其功能或作用划分；一个是按所在部位或区域划分。比如，传输系统的调试，就是按功能和作用划分的一种分系统调试。而对某一路信号的调试就是既按功能划分，也是按部位或区域划分的一种分系统调试。总之，为了在整个系统联调时做到心中有数，实现按分块解决问题的简化原则，分系统调试是非常必要的。每个分系统都调试完毕，也就意味着整个系统的联调即将胜利完成。否则，整个系统安装完毕后，眉毛胡子一把抓，出现问题后，很难一下子找到问题之关键所在。

如果在安装过程中能做到精心施工，严格按操作规范进行线路的敷设，合理地使用传输部件，并且每条线路都能保证质量，进行过通、断、短路测试并做出标记，那么传输系统的调试就能顺利地进行。在线路质量保证的前提下，传输系统在调试中常遇到的问题就是噪声干扰。有关这方面的问题本书在前面已有较为详细的论述，可参照解决。另外一个问题是阻抗匹配，也即当由于传输线本身的质量原因（例如分布参数过大、特性阻抗非75Ω 等）或与传输线两端相连的设备输入输出阻抗非 75Ω 而引起传输线特性阻抗不匹配时，会产生高频振荡而严重影响图像质量。有关这方面的问题本书在前面有关的章节中也有详细论述，可参照解决。

（3）系统联调　在系统联调中，最重要的一个环节就是供电电源的正确性（不能短路、断路，供电电压要符合设备的要求）。经验证明，这是一个既常见又重要的问题。其次就是信号线路的连接正确性、极性的正确性、对应关系的正确性（例如输入、输出的对应关系）。当系统联调出现问题时，应判断是哪个分系统出现的问题，这样就能化整为零地去解决问题。

在系统联调的过程中，也可以同时完成某些性能指标的测试，这样既利于系统的调试，又利于在调试中出现问题时作为分析判断问题的依据，同时也可作为系统综合测试的一些项目的参数。在进行综合测试时，应对需测试的项目画出表格进行记录。要求测试的项目，可能由于条件限制（主要是设备条件）难以全面完成，对这些难以完成测试的项目应与用户采用主观评估的方式完成并达成共识，同样应该记录在案。但某些重要指标项目，应该尽量做到定量测试。

2. 干扰与抗干扰问题

在有线电视系统的工程实施与调试过程中，很常见的一个问题就是系统内存在的各种噪声干扰问题。下面首先讨论一下视频传输的噪声干扰和抗干扰问题。

在视频传输方式中，最可能遇到的问题是在电视画面上产生一条黑杠或白杠干扰，也即我们通常说的 50Hz 工频干扰。如果用示波器观察时，会看到在图像视频信号的波形上叠加了一个 50Hz 的峰起波形，就是这个峰起造成了干扰。这往往是由于存在地环路而产生的。地环路的存在可能是由于信号传输线的公共端在两头都接地而造成重复接地；也可能是信号线的公共端与 220V 电源的零线短路；也可能是系统中某一设备的公共端与 220V交流电源有短路现象；还有可能是信号线受到由交流电源产生的强磁场干扰（如双方靠得太近）而产生的。当不是上述这些原因而又实在无法排除时，可以采用在传输线上接纵向扼流圈（隔离变压器）的办法，可以较好地消除这类干扰。

从以上的分析可知，要想消除由地环路带来的影响，最根本的办法是切断地环路或根本不让地环路形成。但在许多情况下，地环路是肯定会形成或无法彻底切断的，这时就要综合考虑来解决这个干扰问题。

在射频传输系统中，噪声干扰的来源较为复杂，大体有以下几种。

（1）来自周围环境的干扰　这包括在系统所用的设备附近有较强、较高频率的辐射源，在传输系统的沿途有辐射源，或者与电视发射塔及有线电视网相距太近，或者选用的传输频道与当地广播电视的发射频道及有线电视网的频道相同等等。

（2）来自系统内部的干扰　这主要由于传输中放大器级数过多而产生交扰调制和相互调制，或者放大器的插入点过早或过迟（使放大器的输入端信号过强或过弱），或者由于在混合器的输入端各路射频信号的电平相差太大，或者所选用的放大器等的噪声系数过高等等。

（3）接地不良或不正确以及接触不良等形成的干扰 这种情况在各种传输方式中都会造成噪声干扰。

解决上述情况干扰的主要办法是选用高品质的传输设备，按规范接地，传输干线上尽量少地安装放大器以及在混合器的输入端尽可能地将各路输入的射频信号电平调整一致等等。而对于周围有经常性的较强辐射源的情况，只能采取增加屏蔽等措施，避开当地广播电视频道，使传输线远离其他可能有辐射干扰的线路等等。如果采取各种措施仍不能有效地消除干扰，就应考虑改变传统方式（比如换成光纤传输等方式），控制中心整体加装屏蔽网等等。从以上这些问题来看，在进行系统设计时，对于系统周边环境情况的摸底是很重要的。如果在设计之前就已经发现存在的不可避免的干扰源，那么一开始就应从总体设计上进行解决。

四、实训步骤

1）测试调制器、放大器及分支、分配器的主要技术指标，并进行调试，使其技术指标相一致，具体方法请参看本书有关章节。

2）测试各路调制器的输出电平值，调试使其一致。

3）测试各路放大器的输出电平，调试使其满足设计要求。

4）测试几路用户终端的输出电平，调试使其满足设计要求。

5）排除调试过程中出现的各种干扰现象。

五、实训总结

1）总结有线电视系统中主要设备的测试与调试方法。

2）总结有线电视系统正确的调试步骤及调试要点。

3）掌握有线电视系统中各种干扰现象的排除方法。

第十一章 CATV系统的日常维护和故障检修

有线电视系统建成投入使用后，日常维护和维修工作就开始了。

要保证千家万户安全正常收看电视，就要认真做好有线电视系统的日常维护工作，把故障隐患及时排除。一旦发生了故障，要及时准确地判断故障、分析故障原因，采取相应的技术措施尽快排除故障，使系统恢复正常。

判断和检查有线电视系统的故障，主要是确定系统故障的部位，按照一定思路逐级检查，直至找到故障点为止。只要故障点找到了，解决的办法也就有了。寻查故障点的主要手段就是以仪器（如场强仪、万用表、频谱分析仪等）测试为主，主观收看为辅。

要及时准确地分析判断和排除故障，首先要做到以下几点：

1）熟悉系统的构成和主要元器件的作用及其技术参数，备有系统的设计原理图、干线及用户分配区域分布图等。

2）掌握系统正常运行状态，对系统天线输出端、前端输出口、干线主要分支分配点、分配区域的典型用户端（一般指各分配区域中最近用户端和最远用户端）及各季节的技术指标、测试数据，做到心中有数。

3）用于检查测试的仪器（如场强仪）要求准确精良，用于观察图像的电视机应选用质量可靠、便于携带的机型。

4）详细调查故障现象发生前后的外界情况，如气候、环境、供电、电视信号发射乃至人为因素等，从而判定故障在系统内，还是在系统外，切不可盲目动手，造成误判，使故障扩大化。

本章将从系统中干扰、重影、雪花噪扰、图像（伴音）失真等故障表现形式来阐述故障存在的部位、产生的原因及其排除办法。

第一节 CATV系统的日常维护

有线电视系统在长期的运行中，由于气候影响、环境污染、设备器件老化、人为事故造成的故障时有发生。为了减少故障发生的几率，对系统进行定期检查和加强日常维护是十分必要的。

有线电视系统的维护工作可分为：定期维护、应急维护、用户变更等，主要内容包括：

1）要对系统的避雷装置进行检查、维护，这是关系到系统安全和千家万户安全的一件大事，一定要保证避雷装置在系统中的完好性和可靠性。

2）在工作实践中，电源出故障的几率是最高的，影响面较大，要加强检查和维护，使系统长期使用的220V交流电源保持稳定。

3）无论是干扰、重影、雪花噪扰，还是图像（伴音）失真等故障现象，都与接收天线直接有关，故应加强天线（含卫星接收天线）的维护，这是减少系统故障的重要环节。

4）前端是心脏，干线是主动脉，要重点维护前端设备和干线放大器，对其工作状态做到心中有数。

5）制定必要的维护制度，加强管理，减少人为事故，提高维护技术水平。

一、定期维护

定期维护是对有线电视系统前端、传输干线、分配终端设备进行定时、定点检查和测试，并同原始设计数据相比较，以了解系统各部分技术参数的变化规律和机械变化情况。通过适当的调试或必要的更换，使系统技术指标保持原设计水平。

定期维护是有线电视系统技术维护工作中，处理设备老化问题采用以预防为主，辅之以必要的系统性调试的维修方法。定期维护搞得好可明显地降低有线电视系统的故障率。

二、应急维护

应急维护是对系统内突发性故障的检修，也是系统日常维护的重要内容。应急维护故障信息的来源主要是用户投诉。对用户投诉故障，维护人员应及时处理。一般故障应在24小时内解决，难度大的故障不得超过72小时。

突发性故障的产生原因，除设备突然发生故障外，还有些是人为损害，如用户使用不当和接头处接触不良。突发性故障要求维护人员加强经常性的巡查，才能使检查和处理及时。

检修突发性故障，一般采用倒查法，即从用户端开始检查，一步步向前推进，进行电平检测，最终查出故障所在部位并予以及时处理。

三、用户变更

经常性的用户端数增减与局部变更是有线电视系统技术维护的另一项重要任务，对变更、改设的安装、调试及维护应按整个系统设计要求处理，使其运行指标符合技术标准。

维护人员不管是进行何种性质的维护，都应作好工作日志，包括事故处理情况记录、检修记录。特别是在进行定期维护过程中，应采用基础理论对测试数据进行分析计算，找出变化规律。

四、特殊气候维护

特殊气候维护也是日常维护的一个重要方面。比如在大风、大雨、大雷、冰雹等天气后，无论有无故障，均应全面检查室外线路，主要包括：

1）设备与各种部件及连接插件有无松动、进水。

2）吊线、挂勾、卡子、电缆有无破损。

3）放大器电源引线是否完好，内部插件有无松动、脱落，旋转可调元件看有无移位。

4）检测放大器工作电压及电平。

五、前端日常维护

前端日常维护工作包括如下内容：

1) 定期检查避雷装置，因为避雷装置一旦遭到雷击，后果将十分严重。尽管这种可能性很小，但要做到万无一失，最好是在每年雷雨季节到来之前进行一次检查。查避雷针与地线网是否接触良好、接地电阻是否过大（一般要求不大于 4Ω）。

2) 查接收天线是否错位，有没有机械性变形。大风过后，检查、监测接收信号有没有变化，抛物面天线上有无异常的遮盖物。下雪后一定要进行检查，以便采取相应措施。

3) 检查馈源和高频头的防雨设备。高频头上工作所需要的 $18\sim24V$ 电源是由室内卫星接收机通过连接电缆供给的。一定要注意连接部位有无异常，要确保线路畅通。

4) 检查紧固件是否松动、锈蚀，接插件是否锈坏或松脱。每年应检查一次，天灾后更应及时检查。应定期保养，涂防锈、防腐漆，及时更换紧固件、接插件。

5) 卫星信号接收机至少要有 $1\sim2$ 台备份。在接收机出了故障之后，可随时更换，以尽快恢复系统正常工作，然后再处理故障机，就可把信号中断的时间缩到最短。

6) 建设机房要考虑防尘、防潮，要安装空调机，机房的室温要保持在 $20℃$ 左右。

7) 机房的供电系统一定要完善可靠，要安装净化稳压电源，保证供电质量，减少中断次数。

8) 每个频道都应设监视器，随时观察前端输出口信号的信噪比、重影干扰、交调干扰、彩色、伴音效果等，及时了解各种设备的工作状况。

9) 前端设备故障多发点是调制器，开通 20 个频道的系统，一定要有 $4\sim6$ 台备份机。

10) 定期测试混合器，检测输出口电平，做好记录，以原始数据为准调整输出电平误差值，并做好存档工作。定期分析每个频道电平变化趋势，从中找出电平变化与故障产生的关系，以便做好检修准备。

六、对全线进行定期、不定期的巡视

干线所处的环境比较恶劣，故障发生率也比较高，要求维修人员对全线进行定期、不定期的巡视。主要包括以下内容：

1) 定期测试干线放大器输入、输出口电平，设立各干线放大器工作档案，每次调整、普测都要做好记录，以备存档做分析资料用。

2) 配备相应的工具、测试仪器及交通和通信设施，以保证排除故障的及时性。

3) 保障有足够的备份干线放大器。同型号的干线放大器备份数量应为在线机总数的 20%。干线电缆、联接头、分支分配器、均衡器等都应有一定数量的备份件。这样就可以随时将出故障的器件更换掉，以缩短排除故障的时间。

4) 不定期巡视架空电缆有无松垮、断裂现象，电力线、电话线有无搭接在钢绞索上，放大器的防雨箱接地是否良好等。

七、信号分配部分的维护

信号分配部分是指干线放大器到用户电视机之间的部分。这部分所处的环境最恶劣、

线路最长、连接部位最多，因而故障比例也最大（约占50%）。信号分配部分的维护工作量最大，与广大用户接触最频繁。有线电视台在用户面前树立什么样的形象，建立什么样的信誉，全部由这部分工作人员的工作表现确定。

把整个系统划分成多个责任小区，每一个小区由一人全权负责，其职责是：

1）维护本辖区内一切有关设施的完好性，及时排除所发生的一切故障，保证一切在线设备正常运行。排除故障的时间限定为：小故障24小时内排除，较大故障的排除时间不得超过48小时。

2）负责本小区内新用户的设备安装和老用户设备的拆迁工作。

3）负责本小区每年用户维护、收视费的收缴工作。

4）建立用户联系网，设定固定联系户。随时了解有代表性出口的图像状况，对本小区网络各处的工作状况做到心中有数。

5）认真查处私自接线、盗用有线电视信号的违章行为，保证有线系统网络的正常运行。

第二节　CATV系统常见故障的分析、判断及排除方法

一、系统外的故障

（1）电视发射台故障　当某一个接收信号的频道出现故障时，应先检查天线输出电平是否正常，天线方向是否有变动，然后直接用接收机收看天线的信号，若是发射台有故障，直接收看效果则不好。

（2）外界干扰　一种是气候干扰，现象是在屏幕上有白噪波，主要发生在雷雨、潮湿季节。气候主要影响卫星节目和开路节目，微波传输的信号受气候的影响也较大。另一种是其他电磁波的干扰，现象是在屏幕上有网纹和横条，这种干扰可直接进入天线传入系统、也可直接耦合到系统，可通过选用屏蔽性能好的电缆和带屏蔽的用户盒等来解决。

（3）用户电视机故障　若其他用户均接收正常，且换一台电视机接收就效果良好，则说明电视机故障，若效果不好，则应检查连接线、用户盒和分支器是否有短路等故障。

二、系统故障

1. 系统的某个片区收不到信号

若系统的某个片区或某个楼收不到信号，或在屏幕上出现"雪花"状干扰，而其他地方均正常，则说明进入这个片区的第一个放大器出现故障或电缆接头短路。

若某一户接收的图像出现"雪花"状干扰，而其他用户均正常，则应检查该户的用户盒和分支器是否有短路故障。

2. 整个系统收不到某一频道的信号

若系统的其他频道都正常，只有某一频道或某几个频道出现"雪花"状干扰，则说明系统的后级是正常的，而在系统的前端中，这个频道的调制器或频道处理器出现了故障。如果是简单系统，则是频道放大器和频道滤波器出现了故障，可用场强仪在前端检查该频道的电平是否正常。如果是接收开路信号，则应检查天线接收的信号是否正常，天线的方

向是否改变，是否是电视发射台的故障。

3. 系统出现后重影

若某一系统的某个频道在一段时间内出现后重影（重影在图像右边），则可能是与发射天线不匹配造成的。若长时间重影不消除，则要检查接收天线周围是否新建了高大建筑，特别是在天线背后，因为天线的后瓣没有多大抑制能力，反射信号很容易从天线的后面感应进来，可重新调整天线方向，使反射信号减弱，也可直接参照电视机的接收效果进行调整。

若系统的某几个频率相近的频道都有重影（包括自办节目），则是由于系统的不匹配造成的。与干线连接的放大器、分配器的反射损耗指标不高，也会造成重影。可逐级向前检查，并要注意各放大器或分配器之间连接的电缆长度，要避开容易形成重影的临界电缆长度。有时系统在投入使用时没有发现重影，但在某段电缆中插入一个分配器或分支器后，系统的某几个频道就形成了重影，这也是由于破坏了电缆长度，形成了临界电缆长度的缘故。临界电缆长度与电缆衰减特性有关，电缆衰减特性不同临界长度也不同。

4. 系统出现前重影

系统出现前重影（重影在图像左边），是因为有些空间信号直接进入系统和电视接收机，比经过电缆传输到达接收机要提前，这种重影只有靠加强系统的屏蔽，选用带屏蔽的用户盒和屏蔽性能好的设备来解决。系统中的某些频道，有时是调制信号的频道，在使用时会出现明显的重影，这是由于这些频道设备使用的声表面波滤波器的接地不好。声表面波滤波器插入损耗较大，时延为 $4\sim5\mu s$，若接地不好，则造成一部分信号直通，使整个电视行扫描时间为 $64\mu s$，去掉消隐期的 $12\mu s$，电视某一行正程为 $52\mu s$。这种重影的超前位置约占整个屏幕的 10%。

5. 系统交调的影响

电视屏幕上出现一些白色的竖条，像汽车挡风玻璃上的雨刷（称为雨刷干扰），并在水平方向移动，在严重时还可以看到另外一个台的图像。这是因为另一个台的信号太强，对所收看的电视信号产生了交调。这时应测量前端和放大器的输出电平，把高于设计指标的频道电平降下来。

6. 互调及寄生输出信号对系统的干扰

这类干扰在系统中最为常见，情况也比较复杂，在屏幕上的表现是网纹干扰，干扰频率越靠近图像载频，网纹干扰条纹越粗，其产生原因有以下几种。

（1）互调的产生　放大器输出电平过载，造成各组合互调分量过大。为了消除互调，在前端输出电平正常的情况下，要保证各放大器输出电平符合要求。前端、前端设备中的调制器和频道处理器的带外寄生输出是造成干扰的主要原因。有些设备，其屏蔽性能较差，混频用的本振信号大部分由晶振倍频获得，在工作一段时间后，有的可调电容或电感参数要发生变化，使原来满足要求的带外抑制指标变得超标而造成对其他频道的干扰。在检查时，可逐个去掉各个频道的电源，看是否有干扰，若在去掉某个频道的电源后，系统网纹消失，则该频道应修理。

（2）同路干扰　原因是空间信号在经过频道处理器后虽然仍输出该频道，但频率已与原频率不完全一样，这个频率差在接收机中就形成了水平的条纹干扰。解决方法是在频道处理器中使下变频器和上变频器共用一个本振信号，设为 f_L，若中频为 f_1，则有如下关系：$f_1=f_L-f_入$，$f_出=f_L-f_1=f_L-(f_L-f_入)=f_入$，即使系统同输出的该频道频率接收的开路信号频率一样。

（3）邻频干扰　在屏幕上的表现也是网纹干扰，主要原因是相邻频道电平差太大，在接收机高频头内产生互调。对于这种干扰，只需对前端电平进行校正。在校正时应使用有线电视系统专用场强仪，在置新校验时，应把前端输出电平控制在1dB内。

（4）频率漂移　一些邻频系统在使用一段时间后个别频道会出现一些网纹，时有时无，这种情况是由于某个频道的频率发生了漂移。可以用去掉该频道的电源或输出来判断，若去掉以后网纹消失，则应修理该频道插件。

（5）输入电平过高产生的干扰　其干扰有两种，一种是在接收某频道信号时，输入信号超过设备规定的范围，则频道处理器的AGC控制能力超出动态范围，产生网纹干扰、图像扭曲。对于这种干扰可将输入信号先经过衰减再进入前端。另一种干扰是在接收开路信号时，由于接收的信号比较弱，而邻近频道的信号很强，频道处理器的输入频道滤波器又不能把这个强信号进行大幅度抑制，造成在高放级的失真，产生互调或交调干扰，形成网纹式的"雨刷"。对于这种干扰，可在输入端外加频道滤波器，使其经过滤波后再进入前端设备。

7. 系统连接造成的故障

1）低频道的图像信号弱，雪花干扰大，高频道的图像基本正常。这主要是由于电缆芯线接触不良，特别是在一些接触点出现氧化、腐蚀后造成的。由于芯线接触不良，所以对于频率较高的信号耦合能力较强就能通过，频率较低的信号耦合能力较弱就难以通过。这种现象也可能出现在一段电缆中，一段好的电缆通过传输后应出现低频道电平高、高频道电平低的情况，如果相反，则说明中间有断线，必须更换电缆。

2）只接芯线，图像虽然不太好，但还可以收看，在全部接好以后，反而收不到图像。这是由于前面某个部位有短路造成的，一般发生在用户盒或分支、分配器中。当只接芯线时，相当于一根长长的天线接在电视机上，还可以收到一部分空间的电视信号。在全部插好以后，相当于接地短路，反而收不到图像。

3）天线的馈线处若连接不好，输出电平会不稳，电平经常发生漂移，图像清晰度便下降。

8. 接地不良造成的干扰

当接地不良时，对伴音产生交流声干扰，对图像产生水平的黑道，并慢慢地上下移动，若与电视扫描同步，黑道便会停留在屏幕上不移动。产生这种干扰的原因一个是系统的交流调制不能满足要求，应检查电源的纹波是否正常，前端和干线放大器的接地是否良好，干线放大器的电源是否正常，电缆和电源线是否按规定分开走线。另一个原因是干线放大器对通过的50Hz交流信号处理不好，产生50Hz交流对信号的调制，若接收机钳位能力较弱就可以看到这种干扰。因此，这种干扰可能只发生在部分接收机中，在钳位能力较强的接收机屏幕上看不到这种干扰。放大器的接地线与电源的接地线如果接在一起，在系统中也会出现这种干扰。

当系统中出现这种干扰时，应先把后级断开，看前端是否正常，若正常，则一级、一级往后断开干线放大器和电缆插头，确定哪一部分产生干扰。对已确认产生干扰的那一级放大器，可先把接地线断开，看是否由于接地带来的干扰。

　　线路放大器的供电，最好采用带稳压的分段集中供电。地电压对电源的影响较大，也比较复杂，线路中的某个放大器可能因该段地电位变化，使供电电压变得很高，造成那台放大器的熔丝管经常烧坏。若采用带稳压的分段集中供电，就不会出现这种情况。

三、前端设备故障

　　前端设备的一些指标不满足要求时，在图像上会有反映。可通过屏幕的现象来定性判断一些故障。

　　(1) 色/亮时延差不满足要求　国标规定的色/亮时延差小于$100\mu s$。若达不到这项指标，则会出现色彩不准的现象，影响图像的清晰度。

　　(2) 微分增益不满足要求　色度信号的幅度在不同的亮度电平上发生了变化，色度信号的幅度变化导致色饱和度发生变化。这样，在屏幕的亮度发生变化时，图像的色饱和度也要发生变化。亮电平时的红色在暗电平时可能变为浅红或深红，造成失真。

　　(3) 微分相位不满足要求　色度信号的相位在不同的亮度电平上发生了变化，色度信号的相位变化导致色彩发生变化。这样，在亮度电平发生变化时，图像的颜色也要发生变化，造成失真。

　　(4) 频率特性变差　频率特性变差，会造成图像的清晰度下降，轮廓不分明。有的设备在使用了一段时间后才发现清晰度下降，可能是输出滤波器的可调电容或固定电容发生了变化，导致频率特性发生变化。视频信噪比和高频载噪比不满足要求，调制器的视频信噪比和频道处理器的高频载噪比不满足要求，在屏幕上的反映是在底部出现噪声，这时只能对设备进行修理。

　　(5) 低频信噪比不满足要求　若设备不具有视频钳位能力，对低于行频的干扰，特别是对电源$50\mathrm{Hz}$的干扰便不能去掉，在多个频道组合时，容易出现交流$50\mathrm{Hz}$的串扰，使系统的交流调制不能满足要求。在检查时可先把后端断开进行观察，若屏幕出现水平的黑道，则判定是由于前端电源窜扰引起的干扰，解决方法是使前端接地良好，在必要时应与电网的地分开接入，然后在前端机柜中把干扰的频道换一个安装位置。最好是调制器具有钳位能力，电源的纹波符合要求。

　　(6) 伴音失真度不满足要求　该参数不满足要求会造成伴音失真，听起来有"走音"的感觉。

　　(7) 伴音调频信噪比不满足要求　该参数不满足要求时，听起来会有明显的噪声。对于伴音锁相的机器，这项指标更重要。

第十二章　小型有线电视系统的设计实例（选用）

为使读者更好地理解 CATV 工程设计的理论和实践，本章以某校园网有线电视系统设计为例，对小型有线电视工程的需求分析、总体设计和技术设计进行讨论，并介绍该工程的施工、调试步骤和方法，最后讲解该系统的验收常识。

第一节　系统的需求分析与设计

校园有线电视系统的设计分为两个步骤：一是总体设计，二是详细规划和技术设计。
系统的总体设计包括校园有线电视网络系统的建设目的和意义、系统规模、系统功能、节目数量和频道配置、网络结构、施工计划和人员安排等。
详细规划和技术设计包括设计原则、系统构成、系统指标分配、设备选型、施工步骤和工艺等。

一、系统总体设计

1. 系统的建设目的和意义

电视教学是现代电化教育的重要手段，它直观灵活、声像并茂，最大可能地增强了课堂教学效果，改变了传统课堂教学呆板的灌输方式，使学生乐于接受和易于理解所学内容，充分发挥现代教学对提高教学质量的作用。因此，利用有线电视系统作为学校的教学设施，将几十套电视节目及教学节目传送到每个教室、每个寝室是很有意义的事情。

校园有线电视系统必须满足教学的要求，系统采用邻频传输，能任意选择和控制各种播放设备，如录像机、VCD、DVD、卫星接收机以及多媒体微机等，可接入卫星电视节目、有线电视节目以及各种自办教学节目。为了便于将来改造成多功能交互式双向电视教学系统，系统应采用双向传输技术，需要时可迅速将所有的教室都变成多媒体教室。

而前端机房则为学生学习本课程提供了实践场所和实验测试条件。

2. 系统规模

在确定系统的规模时，应该计算近期用户终端数和远期用户终端数、前期工程覆盖区域和后期覆盖区域，估算最远用户的距离。某校园有线电视系统要将教学节目及电视节目送到教学大楼（6 层楼共有 36 个教室）、实验大楼（3 层楼共有 12 个实验室）、食堂和礼堂，其中每个教室、每个实验室设置一个用户端口，食堂设置 12 个端口，礼堂设置 12 个端口，近期用户终端共计 72 个。食堂和礼堂的用户端口较远，最远距离为 1.5km。该校园有线电视系统的分布示意图如图12-1所示。

3. 系统功能

本系统目前主要用来传送教学节目及电视节目，考虑到日后系统要升级改造为多功能交互式双向电视教学系统，所以本系统应采用双向传送，兼容数字语音、图像、控制信号的双向传输。为了方便管理、节约成本，本系统采用分散供电（也可采用集中供电）。

同时本系统还要承担学校的有线电视课程实验实习任务，前端机房应按实验室标准建设，除了配置系统必需的前端设备和传输设备外，还要配置相应的测试仪器。

4. 节目数量和频道配置

主要根据信号源的数量（如电视广播、卫星电视接收、微波传送节目、自办节目等）以及经济条件等确定使用频道，使需要与发展相结合。

由于校园有线电视系统主要用于

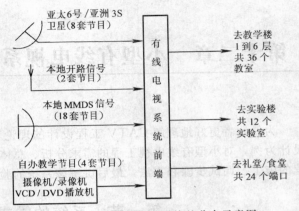

图 12-1 校园有线电视系统的分布示意图

教学，以自办节目、卫星接收转播为主，因此节目安排为 32 套。其中本地开路节目为 2 套，本地 MMDS 电视节目为 18 套，卫星节目为 8 套，自办节目为 4 套。

根据当地空间开路信号的强弱和质量，计划接收本地省、市开路电视节目，共计 2 套；由于本地 MMDS 节目信号质量较好，接收成本较低，可以直接接收中央电视台等的节目，共计 18 套节目；卫星节目主要来自亚太 6 号及亚洲 3S，转播 8 套卫星节目。卫星节目质量一般较好，也可以多安排一些。自办节目根据人力和制作设备确定为 4 套，主要用于课堂教学、专题教学以及现场直播，以录播为主、直播为辅。

选好节目以后要规划哪一套节目占用哪一个频道。为了节约费用，2 套本地节目及 18 套本地 MMDS 节目采用直接混合传输方式，不再改变它们的频率。8 套卫星节目及 4 套自办节目需要调制在剩余频道上，同时要采取措施避免各种频率的组合干扰。若某个频道干扰无法避免，应采用变换频道的办法加以克服。通常在设计上应预留 1～2 个频道，以备今后发展。

校园有线电视系统的节目设置见表 12-1。

表 12-1 校园有线电视系统的节目设置

电视节目内容	接收方法	所需器材	播出频道
本地省市开路电视节目 2 套	用天线直接接收	开路电视节目接收天线	用原有固定频率
中央电视台及其他节目共计 18 套节目	本地 MMDS 节目	MMDS 电视接收天线	用原有固定频率
清华大学教学、中央教育台、北京卫视等节目	亚太 6 号 KU 波段	0.75mKU 波段天线、KU 波段双极化高频头、数字卫星接收机	待定
国内省台卫星电视节目，共计 4 套	亚洲 3S C 波段	3.0m C 波段天线、C 波段双极化高频头、数字卫星接收机	待定
自办教学节目	—	录像机	待定
自办教学节目	—	VCD 播放机	待定
自办教学节目	—	DVD 播放机	待定
自办教学节目	—	摄像机	待定

5. 系统网络结构

本系统传输媒介选择同轴射频电缆，网络拓扑形式选择树形结构。前端设置在学校实验楼的三楼。该校园有线电视系统的网络结构图如图 12-2 所示。传输方式采用邻频传输。

6. 施工计划

本系统的设计施工要求一次性完成，以后再逐渐扩充。经过实地勘查，确定电缆主要采用架空布线方式，去食堂和礼堂的电缆干线路沿原有电话线路布线，大楼内的分支点位置选择在楼层的合适位置。分支点要预留足够的接口。

具体工作包括：

1）设备采购。

2）设备验收和测试。

3）设备安装、调试。

4）资料整理，包括网络架构图样、系统框图、设备操作手册、维护手册等。

5）试运行。

6）测试与验收。

7. 工程预算

在网络总体规划和工程技术方案阶段可结合系统初步设计来进行有线电视工程概算。对国际国内多个公司的产品性能价格比进行详细比较，根据系统传输节目多少和当时产品价格可以做一个准确的工程预算。

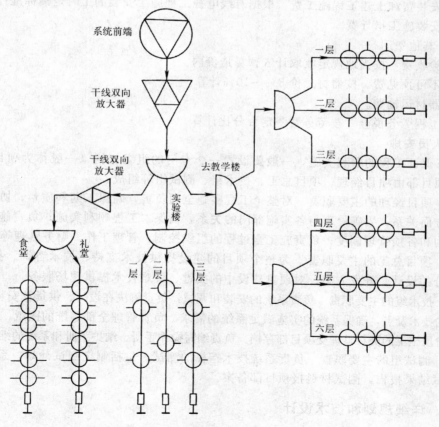

图 12-2　校园有线电视系统的网络结构图

器材费是下列几项费用的总和。

(1) 前端器材　包括邻频调制器 12 个、带通滤波器 2 个、16 路混合器 1 个、19in 标准机箱 4 个、双向滤波器 1 台、上行信号处理器一个、监视器 9 台、避雷器和天线放大器 3 套及其配套电源等，此外还有各种辅材费用（参见图 12-3）。

(2) 信号源部分　包括地面卫星接收天线 2 套、四功分器 2 台、卫星接收机 8 台、电视接收天线 2 套、MMDS 接收天线 1 套和立杆 3 个等。

(3) 配套设备　节目制作设备及控制台 1 套、监视器 8 台、电视机架 8 个等。

(4) 传输干线　包括干线放大器 2 个、防雨箱 1 个、高发泡铠装 SYWV—9 电缆 1500m、支干线高发泡铠装 SYWV—7 电缆 1200m。干线辅材有钢绞线、抱箍、花兰螺钉、挂钩、接地夹板若干。土建材料有电杆、避雷设施等，费用另外计算。

(5) 分配网络器材　三分配器 4 个、二分配器 2 个、二分支器 38 个；F 接头和插头若干，用户终端盒 72 个；假负载和辅材按多少元/户计价。

(6) 工程劳务费

1) 设计费　按器材总价的一定百分比计算，对于密集型用户区按多少元/户计算。

2) 调试费　对于联网型系统，按器材总造价一定百分比计算，对于密集型用户区按多少元/户计算。

3) 安装费和土建工程施工费　根据有线电视工程施工安装的工时定额标准计算。

4) 安装施工指导费。

(7) 其他费用

1) 验收费　按当地规定收取计入预算造价内。

2) 不可预见费　按器材总价 5%～10% 计算。

3) 器材运输费。

4) 工程劳务税金　按劳务费一定百分比计算。

8. 人员安排

为了保证工程的顺利实施，一般要设置一个专门的组织机构（一般称为项目部）。本系统的项目部由项目经理、项目总工、技术组、测试组等组成。

(1) 项目经理的主要职责　对整个工程实施全面负责，确保工期和质量；协调工程项目的各方面关系，妥善处理与各实施部门的关系，确保本工程顺利实施；负责施工项目的组织机构和各项管理制度；负责施工全过程的组织控制、管理工作、财务管理等。

(2) 项目总工的主要职责　为整个项目的建设提供技术支持、技术咨询、技术决策；审核部分的设计、开发方案；对项目建设中的关键、疑难技术提供现场服务。

(3) 技术组的主要职责　负责系统的安装和调试，负责解决在设计、供货及安装调试过程中出现的技术疑点，确保系统的实施满足系统的需求。负责管理全部系统的图纸、技术文档，并将各阶段施工的资料整理交项目部存档。负责编写操作手册、维护手册和系统的维护。

(4) 测试组的主要职责　负责系统技术指标的测试，包括制定测试计划，系统测试和撰写测试结果报告，测试材料报项目部备案。

二、详细规划和技术设计

1. 系统的设计原则

根据学校的要求，我们按照"统一规划、分布实施、讲究实效、安全可靠"的原则，进行该校园有线电视系统的系统设计，以满足系统的需要。

1）实际原则。一切从实际出发，遵照实际情况确定方案的选择与实施。

2）先进原则。利用比较先进的有线电视技术和产品来建设网络系统，保持系统的先进性。

3）经济原则。在设备选型上，对具有相似功能的产品进行全面的比较，用有限的资金购买更多的、性能价格比更高的产品。

4）高效原则。动员多方力量，团结合作，相互配合，使系统的建设得以高效率地进行。

2. 系统的构成

本系统属于典型的小型有线电视工程，主体上由前端和用户分配两大部分组成，节目信号从前端调制、混合、放大后，直接进入用户分配网络，无需干线传输部分。

根据系统的总体设计方案，本系统前端主要包括：2 套开路电视接收天线、1 套 MMDS 接收天线、2 套卫星电视接收天线、2 台四功分器、12 台邻频调制器、9 台监视器、4 套录像播放设备及 1 套编辑设备，如图 12-3 所示。

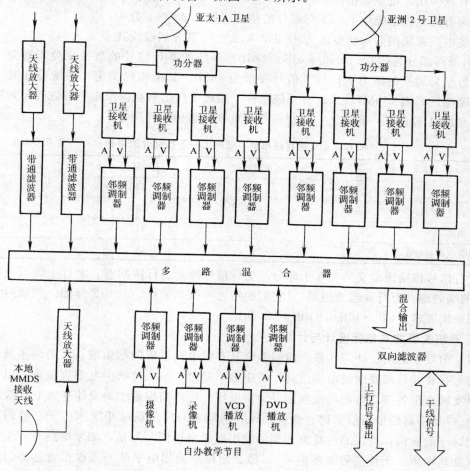

图 12-3 校园有线电视系统前端的系统构成

用户分配部分主要由放大器、分配器、分支器、用户盒等组成。

3. 系统主要技术指标的分配

GB/T 6510—1986《30MHz～1GHz声音和电视信号的电缆分配系统》已规定电缆分配的主要参数指标，包括系统输出口电平、信号质量和辐射干扰3个方面的参数指标。在系统设计时，主要考虑的是系统载噪比（≥43dB）和交扰调制比（≥46dB）。

双向电视传输比起单向传输有很多不同的地方，主要表现为：

1）各支路汇合处噪声汇聚。电缆电视系统广泛采用树枝网络结构，在各支路的汇合处噪声将叠加，即所谓的"漏斗效应"。反向传输的信号到达前端后，还要进入下行传输线路中去，所以反向信号噪声要大于正向通道的噪声。

2）短波电台的广播频率与上行传输频率重叠，容易干扰上行信号，是反向通道噪声的主要来源，严重时会影响正常收看。所以，双向系统应具有良好的屏蔽性能，包括各器件和干线站箱体的屏蔽接地，采用高屏蔽系统输出口。同时，在系统设计和施工中应注意各器件及电缆的接口，以避免因屏蔽不良造成干扰。

3）由于上行传输带宽窄、频道少，CM、CTB等非线性失真指标要求已不是主要矛盾，只有载噪比才是主要指标。

双向有线电视系统中上、下行部分的指标可按0.2：0.8分配，见表12-2。

电缆电视系统的载噪比要求为43dB，那么上行部分的载噪比要求为$(43-10\lg0.2)$dB$=50$dB，下行部分为$(43-10\lg0.8)$dB$=44$dB。单纯的下行信号的载噪比要求还是43dB，只是上行信号转换的那个下行频道信号要求为44dB。其余指标类推。系统设计时，都是按频带范围的高端750MHz来计算系统指标。因此上行信号在前端中一般应转换到Ⅵ频段或增补频道A段的某一频道上，以提高现场电视转播的信号质量。

表12-2 双向有线电视系统中上、下行部分的指标 （数值单位：dB）

项 目	系统设计值	上行部分	下行部分
载噪比（C/N）	43	50	44
载波交调比（C/NM）	63	71	65
载波互调比	57	71	59
载波组合三次差拍比	54	68	56

上行信号传输通道又分为3个部分：上行信号源和上行调制器、上行干线（包括分支线）、前端处理（上行频道处理器）。它们的指标可按0.2：0.6：0.2分配，例如对上行干线的载噪比要求为$(50-10\lg0.6)$dB$=52.2$dB。

4. 系统主要技术指标设计与计算

（1）前端系统的设计与计算 前端系统是有线电视系统的起始端。在前端系统中，有各种信号存在并且都要通过前端送到干线中去。同时，前端的噪声电平直接影响以后各干线和分支线直至各终端电视机接收信号的信噪比，所以前端系统的设计有如下原则：

1）尽量提高的输出信噪比。这就是说，前端本身应尽量减小噪声电平。要得到高的信噪比，一般来说，可以通过提高前端的输出电平来得到。但是，如果噪声是产生在前端内部（如热噪声、天线信号的噪声等），那么用提高输出电平的办法也很难达到目的。因为这时噪声电平也将被提高。所以，主要应尽量减小前端内部的噪声电平，这样输出信号的信噪比就会高些。

2）前端的输出电平要适当。前端的输出电平高时，有利于后面部分（如干线系统和分支系统）的信噪比的提高，但如果前端的输出电平太高，就会产生交扰调制，所以输出电平的选择要适当。

前端的输出电平主要取决于前端的输入电平（例如接收天线的输出电平或自办节目的视频信号经调制后调制器输出的电平，均为前端的输入电平）和前端放大器的增益。在前端中，无论是天线的输出电平，还是自办节目（例如录像机输出的录像节目）经调制器输出的电平，一般均达不到有线电视系统对前端电平输出的要求。通常要经过放大、混合、再放大等环节，再送入系统的干线中去。为了提高输出电平，往往需要增加一个宽带放大器。

（2）开路天线的设计与选用　天线的作用是把接收到的开路电视信号馈送到前端，天线的设计主要包括接收场强的估算、天线的选择和架设等。

要建成一个接收开路电视信号的 CATV 系统，一般应把天线架设在本地的较高建筑物上，且离前端设备较近，在选择天线以前都要对接收点的场强作一估算，理想的方法是用场强仪测试。

为了保证前端设备的载噪比 C/N＞46.5dB，天线传输给前端的信号须有一个最低值，设此最低值为 S_i，则

$$C/N = S_i - N - 2.4$$

即

$$46.5 = S_i - N - 2.4$$

式中，N 为前端设备的噪声系数（VHF 为 8dB，UHF 为 10dB）；2.4 为基础热噪声。

因此，对于 VHF，要求 $S_i＞57dB$；对于 UHF，要求 $S_i＞59dB$。

（3）卫星天线的技术要求　Ku 频段接收小天线有正馈与偏馈两种，正馈 Ku 天线是圆抛物面中心聚焦馈电式，偏馈 Ku 天线则是椭圆形或菱形偏焦馈电式。其中正馈 Ku 天线的焦距相对短一些，多为前些年所生产，现阶段的 Ku 接收小天线几乎都是偏馈式的，在相同尺寸情况下，偏馈天线比正馈天线的增益要略高（天线效率高）。从天线所用材料来说，可分为复合材料（如玻璃钢天线）和金属材料（如铝合金板、铁板）两种天线，一般在相同价格情况下选用玻璃钢天线为好，因为玻璃钢天线的电气性能较稳定。经过设计考虑，要接收好 Ku 频段卫星电视的接收天线尺寸在卫星转发器波束覆盖区中心和雨衰小的地区的个体接收可选用 0.6～0.75m 直径的天线，而在波束覆盖区的边缘或雨衰较大的地区则可以选用 0.75～1m 直径的天线（或作收转用）为好。对于偏馈天线一般使用一体化馈源高频头（双线极化），这样安装调试与使用都较为方便。在购买天线时不能光看天线产品样本上的技术指标，也不能只看价格便宜，而一定要作充分的调研，多了解已经用过此种天线产品的用户来选用性能价格比好的天线。天线（馈源）极化角的控制一定要采用可以在卫星接收机（IRD）上进行线极化电控的（与接收机 IRD 要配套的），即可用切换 13V/18V 来选择所需的垂直与水平极化（V/H），并有极化微调。

高频头一定要选用噪声温度低、本振相位噪声小、本振频率稳定度高、动态增益大的高频头，尤其在接收卫星数字信号时高频头的本振相位噪声和本振频率稳定度大小对接收信号质量是至关重要的。对用于数字压缩卫星接收系统的高频头，要求本振相位噪声小于 −65dB/Hz（在 1kHz 处），本振频率稳定度小于 ±500kHz。

另一问题是高频头的工作频段选择，目前我国使用的通信卫星（如亚洲 35 星、亚太 6

号星等）转发器的下行工作频率都为 12.25～12.75GHz，而国际电联分配给我国直播卫星（三个轨位为 62°E、80°E、92°E）的下行工作频率为 11.7～12.2GHz，因此所购买的高频头频宽范围一定要与所需接收卫星下行工作频率范围相适应。

（4）分配系统设计与计算　大多采用倒推法和正推法。倒推法以分配网络最后一个用户电平为基础，邻频系统为 65dB，从后往前加上电缆损耗、分支分配器损耗，最后计算出放大器的输出电平。正推法以最后一级放大器输出电平为基础，从前往后逐步减去电缆损耗、分支分配器损耗，最后求出用户电平，应保证用户电平大于 65dB。

本系统的分配电平计算如图 12-4 所示，具体计算方法参见本书相关章节。其中四分配器 VHF 频段损耗 7.5dB，UHF 频段损耗 8dB，二分支器插入损耗依次减小，分支损耗依次增加。

5. 系统主要设备的选型

（1）选型原则

1）结构符合国际国内标准。

2）电气性能符合国际国内标准。分清主要性能和次要性能，了解产品说明书所列指标厂家的测量方法，考察他们拥有的仪器先进性，并且注意性能指标的测试条件。

3）接口符合国际国内标准。

4）具有国际或国内认可的权威机构的测试鉴定证明。

5）具有长期研制和大规模生产能力的公司或研究所的产品。

6）国内各地设有技术服务中心和具有良好售后服务的产品。

7）服从于本地本单位网络规划，适合当地环境条件和经济能力。

8）国际通用的先进设备和器材。

9）同一系统最好采用同一公司产品，以利于升级换代。

10）按照价值工程原理，评估多种设备的性能价格比，并择其优者。

（2）射频前端设备

1）从功能方面考虑，前端输出频道一旦配置好后，不需要经常变动。所以调制器宜选用固定频道输出，每个频道配置一套。频道输出可调节的调制器可以作备用 1～2 套即可。

2）从结构方面考虑，19in 标准机柜是多数用户的选择，一个频道一个机箱。

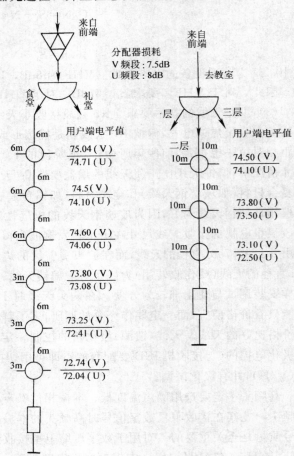

图 12-4　系统的分配电平计算结果

3）从性能方面考虑，多数设备的多数性能指标接近。特别需要重视的是频率稳定度、载噪比、频率响应、谐波失真和视频指标。

4）从可靠性和稳定性方面考虑，由于国际国内有线电视设备多数没有给出可靠性指标，因此可以多听取全国各地用户对某种设备的可靠性和稳定性的评价。

5）选用邻频前端时，如果选择 550MHz 邻频前端，干线应该按 750MHz 设计。

（3）卫星接收机和高频头　高频头噪声温度（或噪声系数）越低越好，有的高频头集馈源为一体，并且有防雷击保护。适用于有线电视台的卫星接收机无需遥控功能，对可靠性、电源等要求较高。

（4）干线器材和设备　本系统的干线电缆采用国产同轴（纵孔）电缆 SYKV—12。用户放大器是信号传输的最后一级放大器，要求有良好的非线性失真特性。为了带动更多的系统输出口，要求高增益高输出电平。它的供电是市电，要求机内整流稳压电路元件发热小、稳压范围宽。

（5）分配网络部分

1）同轴电缆　楼层之间用—7 电缆，进入教室的用户线用—5 电缆。

2）系统输出口　选用明装。建议选用双孔用户盒，它比单孔盒多一个输出口，有诸多方便处。系统输出口是用户使用的界面，最重要的要求是安全性，因此系统输出口内必须加高压隔离电容。

（6）机房录播设备

1）音像节目制作系统　国内研制和生产的公司很多，主要有新英特、大洋、索贝、金四维等。音像节目制作系统除了字幕、特技、切换设备外，还有数字化和电脑化设备，如全数字非线性视频工作站、电脑视频创作系统、实时动画创作系统等。

2）节目录播设备　录像机、VCD 机、DVD 机等。

6. 有线电视系统主要测试仪器的配备

根据系统的测试及实习要求，需要配备的测试仪器清单如下，具体数量和型号可根据经济实力确定：

1）选频电压表（音频、高频）。

2）示波器。

3）扫频仪。

4）电视信号发生器。

5）标准调制器。

6）场强仪。

7）频谱仪。

第二节　系统的安装与调试

一、卫星电视的安装与调试

1. 系统的安装

（1）天线的安装　将天线连同支架安装在天线座架上。天线的方位通常有一定的调整范围，应保证在接收方向的左右有足够的调整余地。对于具有方位度盘和俯仰度盘的天线，应使用权之方位度盘的0°与正北方向、俯仰度盘的0°与水平面保持一致。正北方向的确定，一般采用指北针测出地磁北极，再根据当地的磁偏角值进行修正，也可利用北极星或太阳确定。

较大的天线一般都采用分瓣包装运输，故在安装时，应将各部分重新组装起来。天线组装后，型面的误差、主面与副面之间的相对位置、馈源与副面的相对位置，均应用专用工具进行校验，保证误差在允许的范围内。校验完毕，应固紧螺栓。

天线馈源安装是否合理，对天线的增益影响极大。对于前馈天线，应使馈源的相位中心与抛物面焦点重合；对于后馈天线，应将馈源固定于抛物面顶部锥体的安装孔上，并调整副反射面的距离，使抛物面能聚焦于馈源相位中心上。天线的极化器安装于馈源之后。对于线极化波（水平极化和垂直极化波），应使馈源输出口的矩形波导窄边与极化方向平行；对于圆极化波（如右旋圆极化波），应使矩形导波口的两窄边垂直线与移相器内的螺钉或介质片所在平面相交成45°角。

（2）高频头的安装 高频头的安装较为简单，将高频头的输入波导口与馈源或极化器输出波导口对齐，中间加密封橡胶垫圈，并用螺钉固紧。高频头的输出端与中频电缆线的播送端相接拧紧，并敷上防水黏胶或橡皮防水套，加钢制防水保护管套效果更理想。

（3）接收机的安装 接收机放置于室内。应选择通风良好，能防尘、防震，不受风吹、雨淋、日晒，并靠近监视器或电视机的位置。将中频输入线、电源输出线、音视频输出线和射频输出线按说明书的要求进行连接。

2. 系统的调整与设置

（1）调整前的准备工作 在业余条件下要顺利地调准天线的指向，应先作些准备工作：采用没有AV输入端子的电视机作为显示器的情况下，应利用接收机射频输出部分的测试信号，将电视机的频道设置到正确的位置上（对于有AV输入端子的监视器，可免去此项）；对于没有宽带输入电平指示器的接收机，最好将此接收机放在别处已有的、接收同一卫星电视节目的卫星接收站中，设置好各频道频率。设置时，最好使用同一个高频头，以避免由于高频头本振频率的偏差而造成的频道设置不准。

（2）天线的调整 将系统连通，接上电源，打开电源开关，此时，显示器上应呈现较大的雪花点。将天线调整到所计算的方位和仰角内，然后在±5°范围内搜索，如仰角每移动1°～2°，方位角搜索一次（范围可大些），反复调整，直到显示器出现最清晰图像或电平指示器指示最大。然后固定方位角，上下微调仰角，使图像更好，电平指示最大。如此反复几次，最终得到最好的图像或最大的电平指示值，然后将方位角和仰角的固定螺钉拧紧。

对于小天线，由于其波束宽度很大，一般不用预选精确测量方位角和俯仰角，只需粗略地判定一下大致方向。松开角度固紧螺钉，用手持住抛物面，大幅度地摆动天线指向，就可很快地找到信号，收到图像。此时可先固定方位角，松开仰角固紧螺钉，细调仰角，使图像更清晰。如此反复几次，就可准确调节天线的指向。

对于线极化波（水平或垂直极化波）的接收，由于接收点的位置不同，存在一个极化倾斜角。接收天线的最佳极化角并不在水平或垂直方向上。调整者若查不到这个倾斜角的数值，也可以通过调整馈源内筒的位置来获得最佳效果。具体作法是：松开馈源内筒的固紧螺钉，用手慢慢转动内筒的方向，直到图像最清晰或电平指示值最大为止，再重新拧紧馈源内筒的固紧螺钉。

（3）接收机频率的重新设置 调整好天线之后，用户可以根据自己的需要重新设置接收的卫星电视节目顺序。此时，可根据接收机的操作说明，按照频道显示序号，利用接收机的频率调整功能，调出所要的电视节目和相应的伴音副载波频率，分别进行节目存储。

3. 避雷与接地

雷击主要有两种：直击雷和感应雷。直击雷是带电云层和大地之间放电造成的，可使用避雷针、避雷线和避雷网避防。感应雷是由静电感应和雷电流产生的电磁感应两种原因引起的。感应雷约占雷击率的 90%，CATV 系统的电子设备受雷击损坏主要是感应雷造成的，有效的接地能即时泄放掉感应雷产生的电荷，保护设备和人身的安全。

卫星接收天线一般架设在建筑物的顶端，应把所有接收天线的接地端焊在一起，并与建筑物的防雷接地系统共地连接，在接收天线的顶端应安装避雷针，并且保证天线设施在避雷针的保护范围内，注意避雷针的长度不应小于 3m，直径不得小于 20mm。避雷引下线宜采用 25mm×4mm 的热镀锌扁钢或直径为 10mm 的热镀锌圆钢，引下线与接收天线的竖杆（架）应采用焊接，其焊接长度为扁钢宽度的 3 倍或圆钢直径的 10 倍以上。引下线与接地装置必须焊接牢固，所有焊接处应涂防锈漆，注意接地线电阻不应大于 4Ω。除天线应有良好的避雷接地外，在进入前端的天线馈线上还应加装避雷保护器，并注意保护器的地线要与前端设备的地线分开。

卫星接收系统的避雷方法：

1）抛物面天线位于地面上时：由于天线离机房建筑物的距离大都在 30m 以内，并且通过天线基座直接与大地相连形成地线，基座的地脚螺钉，钢筋混凝土中的钢筋自然地形成地线。这时，接地电阻应小于 4Ω，否则应该设法降阻。

2）抛物面天线位于屋顶时：天线与建筑物的防雷要纳入同一防雷系统，所有引下线与天线基座均应与建筑物顶部的避雷针网作可靠连接，并至少有两个不同的泄流引下路径。在多雷地区，抛物面上和副反射面上宜设避雷针。

3）馈线的防雷：高频头输出电缆，宜穿金属管或紧贴防雷引下线，沿金属天线杆塔体引下，金属管道与电缆外层屏蔽网应分别与塔杆金属体或避雷针引下线及建筑物的避雷引下线间有良好的电气连接。这是因为暴露的电缆或金属管道，可能招致雷击，这样的连接可使雷电流直接经防雷系统入地；反之，不会招致雷击而产生雷电流的设备，切勿与防雷接地系统连接，以防雷电流或地电流反串进入设备，导致雷击。

4）机房入口处的防雷：在机房入口处的电缆外导体，金属穿管等都应就近与建筑物防雷引下线相连。如果建筑物无防雷接地系统，应专设防雷接地系统，如单独铺设地线接到地下的地网上，此地线不能与机房内的设备共地线，以免雷电流串入设备。

5）输电系统的防雷：若雷电击在发射塔上或输电线上，均会引起高压避雷器动作，使当地电位上升，导致那里的电源和建筑物上出现高电位的雷电流漏电压。一般情况下都通过在机房内设置低压避雷器来保护进线配电盘，然而这时雷电流仍可通过接地的低压避雷器流进输入线，当遇到大型雷击时，还会波及到机房内的设备。对此，可用高耐压的屏蔽变压器来解决这个问题。屏蔽变压器的作用是抑制初级侧和地面间的雷电浪涌，而供电线路的雷地浪涌要靠避雷器来排除。为防止更大规模的雷击，还需提高配电盘的耐压，并安装高压避雷器以达到保护变压器和进线配电盘的目的。

二、安装工艺

1. 机架设备

1）机房机架设备位置安装正确，符合安装工程设计平面图要求。

2）用吊垂测量，机架安装垂直偏差度应不大于3mm。

3）主走道侧必须对齐成直线，误差不大于5mm。相邻机架应紧密靠拢；整列机面应在一平面上，无凹凸现象。

4）各种螺栓必须拧紧，同类螺钉露出螺母的长度应一致。

5）机架上的各种零件不得脱落或碰坏，漆面如有脱落应予补漆。各种文字和符号标志应正确、清晰、齐全。

6）机架、列架必须按施工图的抗震要求进行加固。

7）告警显示单元安装位置端正合理，告警标志清楚。

2. 布放电缆

1）布放电缆的规格、路径、截面和位置应符合施工图的规定，电缆排列必须整齐，外皮无损伤。

2）交、直流电源的馈电电缆，必须分开布放；电源电缆、信号电缆、用户电缆应分离布放。

3）电缆转弯应均匀圆滑，电缆弯的曲率半径应大于60mm。

4）布放走道电缆必须绑扎。绑扎后的电缆应互相紧密靠拢，外观平直整齐。线扣间距均匀，松紧适度。用麻线扎线时必须浸蜡。

5）布放槽道电缆可以不绑扎，槽内电缆应顺直，尽量不交叉。在电缆进出槽道部位和电缆转弯处应绑扎或用塑料卡捆扎固定。

6）在活动地板下布放的电缆，应注意顺直不凌乱，尽量避免交叉，并且不得堵住送风通道。

3. 传输线路敷设

架空电视电缆应用钢绳线敷设，采用挂钩时，其挂钩一般不小于0.5m，挂钩要均匀。架空时中间不应有接头，不能打圈或用力过猛导致电缆受损。沿墙敷设电缆线路应横平竖直，电缆距地面应大于2.5m，转弯处半径不得小于电缆外径的6倍。跨越距离不得大于35m。沿墙水平走向电缆线卡距离一般为0.4~0.5m，竖直线的线卡距离一般为0.5~0.6m。电缆的接头应严格按照步骤和要求进行，放大器与分支器、分配器的安装要有统一性，稳固美观、便于调试，整个电缆敷设应做到横平竖直、间距均匀、牢固美观、调试方便等。详细安装工艺要求见相关章节。

三、系统的调试

1. 调试的基本条件

1）调试技术人员应具备一定的CATV理论基础和实践经验。

2）在对系统进行调试之前，首先要认真仔细阅读系统设计图样和资料，了解系统有多少条干线，传输距离多长，串接多少台干线放大器，每条主干线有几条支干线，每个分配、放大器带多少用户，传送多少米等。

3）阅读系统所使用的各种设备的说明书，掌握各种设备性能指标与使用方法。

4）了解放大器间距长度，所使用电缆的型号、衰减系数，计算出均衡量，准备好所需的均衡插片或外接固定均衡器。

5）检查干线所用的器件是否按设计要求安装，其接法是否符合安装规范，检查供电器的电流表指示是否正确，判断干线供电情况是否正常，检查地线接触情况。

6）准备好调试时所使用的仪器仪表，并会使用，熟练操作。

7）备齐各种调试工具、零配件和器材。

2. 对干线的调试

对干线调试的程序是：先调供电系统，后调试放大器的电平。调整供电系统的目的是保证对放大器正常供电，只有供电正常，放大器才能正常工作，所以不能忽视对供电系统的调整。

供电调试后，从前端出口第一台放大器开始逐级调试放大器的输入电平、输出电压和斜率。在调试过程中对输入、输出、斜率三个量掌握不好，会使系统指标劣化。因此，在调试干线放大器时一定要严格、认真按设计和放大器的标称输入、输出电平调试干线放大器，保证放大器工作在最佳状态。

3. 系统的统调

统调就是在前端、干线系统、分配网络进行调试结束之后对系统全面进行调整，调整各部分的电平，也称系统总调试。调试的顺序是从前端开始，逐条干线、逐台放大器进行调试。为什么还要进行统调呢？其原因是：前边谈的调试，是边建网，边安装，边进行调试，即是在建网中进行的调试，其调试工作，是间断进行的。建成一个 CATV 系统较快也得用近半年时间，这近半年时间温度变化很大。温度不同，设备所使用的各种元件的性能，数据就会稍有不同，电缆衰减的数值也不相同，有的放大器可能是最低温度条件下调试的。鉴于以上因素，就一定会造成有的放大器输入、输出电平有变化（与前边安装调试时的输入、输出电平比较），电平变化会使放大器的性能指标发生变化，可能会造成干线传输指标变劣，影响传输质量，因此，需要对干线进行统调。统调是在短时间内连续进行的，是温度大约一致的情况下进行的，所以统调能克服安装时所进行的调试的不足。统调工作最好在 10～15℃ 的温度下进行，在统调时对每个设备边调试边作记录，记录每个频道电平并要记准日期和温度，把记录资料存档。

第三节　系统的验收

系统的工程验收应由工程的设计、施工、建设单位（用户）和本地区的系统管理部门的代表组成验收小组，按竣工图进行。验收时应做好记录，签署验收证书，并应立卷、归档。各工程项目验收合格后，方可交付使用。当验收不合格时，应由设计、施工单位返修，直到合格后，再行验收。

系统的工程验收应包括下列内容：

1）系统工程的施工质量。

2）系统质量的主观评价。

3）系统质量的客观测试。

4）图样、资料的移交。

5）有关部位的安全防范措施。

在系统的工程竣工验收前，施工单位应按下列内容编制验收文件一式三份交建设单位。其中一份由建设单位签收盖章后，退还施工单位存档。

1）工程说明。

2）综合系统图（或系统构成图）。

3）线槽、管道布线图。

4）设备配置图。

5）设备连接系统图。

6）设备概要说明书。

7）设备器材一览表。

8）主观评价表。

9）客观测试表。

10）施工质量验收记录。

11）其他规定的有关文件或图样。

竣工验收文件应保证质量，做到内容齐全、标记详细、编写清楚、数据准确、互相对应。

凡有国家有关部门颁发的验收规定或标准的，请按其执行，具体见附录。

工程结束后应进行相应的初验和终验。在初验测试阶段应对技术文件进行移交，技术文件应包括：设备资料、系统测试记录和施工图设计文件。

附　　录

附录 A　我国电视频道划分及频率分配表

甚高频（VHF）段

频　道	频率范围/ MHz	中心频率/ MHz	中心波长/ m	伴音载频/ MHz	图像载频/ MHz
1	48.5~56.5	52.5	5.71	56.25	49.75
2	56.5~64.5	60.5	4.96	64.25	57.75
3	64.5~72.5	68.5	4.38	72.25	65.75
4	76~84	80	3.75	83.75	77.25
5	84~92	88	3.41	91.75	85.25
6	167~175	171	1.75	174.75	168.25
7	175~182	179	1.68	182.75	176.25
8	183~191	187	1.60	190.75	184.25
9	191~199	195	1.54	198.75	192.25
10	199~207	203	1.48	206.75	200.25
11	207~215	211	1.42	214.75	208.25
12	215~223	219	1.37	222.75	216.25

特高频（UHF）段

频　道	频率范围/ MHz	中心频率/ MHz	中心波长/ m	伴音载频/ MHz	图像载频/ MHz
13	470~478	474	0.633	477.75	471.25
14	478~486	482	0.622	485.75	479.25
15	486~494	490	0.612	493.75	487.25
16	494~502	498	0.602	501.75	495.25
17	502~510	506	0.593	509.75	503.25
18	510~518	514	0.584	517.75	511.25
19	518~526	522	0.575	525.75	519.25
20	526~534	530	0.566	533.75	527.25
21	534~542	538	0.558	541.75	535.25
22	542~550	546	0.549	549.75	543.25
23	550~558	554	0.542	557.75	551.25
24	558~566	562	0.534	565.75	559.25
25	606~614	610	0.492	613.75	607.25
26	614~622	618	0.485	621.75	615.25
27	622~630	626	0.479	629.75	623.25
28	630~638	634	0.473	637.75	631.25

（续）

频　道	频率范围/ MHz	中心频率/ MHz	中心波长/ m	伴音载频/ MHz	图像载频/ MHz
29	638～646	642	0.467	645.75	639.25
30	646～654	650	0.462	653.75	647.25
31	654～662	658	0.456	661.75	655.25
32	662～670	666	0.450	669.75	663.25
33	670～678	674	0.445	677.75	671.25
34	678～686	682	0.440	685.75	679.25
35	686～694	690	0.435	693.75	687.25
36	694～702	698	0.430	701.75	695.25
37	702～710	706	0.425	709.75	703.25
38	710～718	714	0.420	717.75	711.25
39	718～726	722	0.416	725.75	719.25
40	726～734	730	0.411	733.75	727.25
41	734～742	738	0.407	741.75	735.25
42	742～750	746	0.402	749.75	743.25
43	750～758	754	0.398	757.75	751.25
44	758～766	762	0.394	765.75	759.25
45	766～774	770	0.390	773.75	767.25
46	774～782	778	0.386	781.75	775.25
47	782～790	786	0.382	789.75	783.25
48	790～798	794	0.378	797.75	791.25
49	798～806	802	0.371	805.75	799.25
50	806～814	810	0.370	813.75	807.25
51	814～822	818	0.367	821.75	815.25
52	822～830	826	0.363	829.75	823.25
53	930～838	834	0.360	837.75	831.25
54	838～846	842	0.356	845.75	839.25
55	846～854	850	0.353	853.75	847.25
56	854～862	858	0.350	861.75	855.25
57	862～870	866	0.346	869.75	863.25
58	870～878	874	0.343	877.75	871.25
59	878～886	882	0.340	885.75	879.25
60	886～894	890	0.337	893.75	887.25
61	894～902	898	0.334	901.75	895.25
62	902～910	906	0.331	909.75	903.25
63	910～918	914	0.328	917.75	911.25
64	918～926	922	0.325	925.75	919.25
65	926～934	930	0.322	933.75	927.25
66	934～942	938	0.320	941.75	935.25
67	942～950	946	0.317	949.75	943.25
68	950～958	954	0.314	957.75	951.25

增 补 频 段

波　段	频　道	频率范围/ MHz	伴音载频/ MHz	图像载频/ MHz
A₁	Z-1	111.0~119.0	118.75	112.25
	Z-2	119.0~127.0	126.75	120.25
	Z-3	127.0~135.0	134.75	128.25
	Z-4	135.0~143.0	142.75	136.25
	Z-5	143.0~151.0	150.75	144.25
	Z-6	151.0~159.0	158.75	152.25
	Z-7	159.0~167.0	166.75	160.25
A₂	Z-8	223.0~231.0	230.75	224.25
	Z-9	231.0~239.0	238.75	232.25
	Z-10	239.0~247.0	246.75	240.25
	Z-11	247.0~255.0	254.75	248.25
	Z-12	255.0~263.0	262.75	256.25
	Z-13	263.0~271.0	270.75	264.25
	Z-14	271.0~279.0	278.75	272.25
	Z-15	279.0~287.0	286.75	280.25
	Z-16	287.0~295.0	294.75	288.25
B	Z-17	295.0~303.0	302.75	296.25
	Z-18	303.0~311.0	310.75	304.25
	Z-19	311.0~319.0	318.75	312.25
	Z-20	319.0~327.0	326.75	320.25
	Z-21	327.0~335.0	334.75	328.25
	Z-22	335.0~343.0	342.75	336.25
	Z-23	343.0~351.0	350.75	344.25
	Z-24	351.0~359.0	358.75	352.25
	Z-25	359.0~367.0	366.75	360.25
	Z-26	367.0~375.0	374.75	368.25
	Z-27	375.0~383.0	382.75	376.25
	Z-28	383.0~391.0	390.75	384.25
	Z-29	391.0~399.0	398.75	392.25
	Z-30	399.0~407.0	406.75	400.25
	Z-31	407.0~415.0	414.75	408.25
	Z-32	415.0~423.0	422.75	416.25
	Z-33	423.0~431.0	430.75	424.25
	Z-34	431.0~439.0	438.75	432.25
	Z-35	439.0~447.0	446.75	440.25

附录 B 有线电视系统常用图形符号

名　称	符　号	说　明
天线		天线（VHF、UHF、FM 频段用）
		矩形波导馈电的抛物面天线
前端		带本地天线的前端（示出一路天线） 注：支线可在圆上任意点画出。
		无本地天线的前端（示出一路干线输入，一路干线输出）
放大器		放大器，一般符号
		具有反向通路的放大器
		带自动增益和/或自动斜率控制的放大器
		具有反向通路并带自动增益和/或自动斜率控制的放大器
		桥接放大器（示出三路支线或分支线输出） 注：①其中标有小圆点的一端输出电平转高； 　　②符号中，支线或分支线可按任意适当角度画出。
		干线桥接放大器（示出三路支线输出）
		线路（支线或分支线）末端放大器（示出两路分支线输出）
		干线分配放大器（示出两路干线输出）
混合器或分路器		混合器（示出五路输入）
		有源混合器（示出五路输入）
		分路器（示出五路输出）

（续）

名　称	符　号	说　明
调制器、解调器、频道变换器与导频信号发生器		调制器、解调器、一般符号 注：①使用本符号应根据实际情况加输入线、输出线； 　　②根据需要允许在方框内或外加注定性符号。
		电视调制器
		电视解调器
	$\frac{n_1}{n_2}$	频道变换器（n_1 为输入频道，n_2 为输出频道） 注：n_1 和 n_2 可以用具体频道数字代替。
	$\frac{G}{*}$	正弦信号发生器 注：星号（＊）可用具体频率值代替。
滤波器与陷波器		高通滤波器
		低通滤波器
		带通滤波器
		带阻滤波器
	N	陷波器
匹配用终端		终端负载
供电装置		线路供电器（示出交流型）
		供电阻断器（示在一条分配馈线上）
		电源插入器
分配器		二分配器
		三分配器 注：其中标有小圆点的一端输出电平较高。
		四分配器
		定向耦合器

（续）

名　称	符　号	说　明
用户分支器与系统输出口		用户一分支器 注：①圆内允许不画直线而标注分支量； 　　②当不会引起混淆时，用户线可省去不画； 　　③用户线可按任意适当角度画出。 示例：标有分支量的用户分支器（未示出用户线）
		用户二分支器
		用户四分支器
		系统输出口
		串接式系统输出口
		具有一路外接输出的串接式系统输出口
均衡器与衰减器		固定均衡器
		可变均衡器
	dB	固定衰减器
	dB	可变衰减器

附录 C　电平转换表

dBμV	电压/μV	电流/nA	功率/pW	dBμV	电压/μV	电流/nA	功率/pW
0	1.00	13.30	13.30×10^{-3}	7	2.24	29.90	66.80×10^{-3}
+1	1.12	15.00	16.80×10^{-3}	+8	2.51	23.50	84.10×10^{-3}
+2	1.26	16.80	21.10×10^{-3}	+9	2.82	37.60	106.00×10^{-3}
+3	1.41	18.80	26.60×10^{-3}	+10	3.16	42.20	133.00×10^{-3}
+4	1.59	21.10	33.50×10^{-3}	+11	3.55	47.30	168.00×10^{-3}
+5	1.78	23.70	42.20×10^{-3}	+12	3.98	59.10	211.00×10^{-3}
+6	2.00	26.60	53.10×10^{-3}	+13	4.47	59.60	266.00×10^{-3}

（续）

dBμV	电压/μV	电流/nA	功率/pW	dBμV	电压/μV	电流/nA	功率/pW
+14	5.01	66.80	355.00×10^{-3}	+48	251.00	3.35×10^3	841.00
+15	5.62	75.00	422.90×10^{-3}	+49	282.00	3.76×10^3	1.06×10^3
+16	6.31	84.10	531.00×10^{-3}	+50	316.00	4.22×10^3	1.33×10^3
+17	7.08	94.40	668.00×10^{-3}	+51	355.00	4.73×10^3	1.68×10^3
+18	7.94	106.00	841.00×10^{-3}	+52	398.00	5.31×10^3	2.11×10^3
+19	8.91	119.00	1.06	+53	447.00	5.96×10^3	2.66×10^3
+20	10.00	133.00	1.33	+54	501.00	6.68×10^3	3.35×10^3
+21	11.20	150.00	1.68	+55	552.00	7.50×10^3	4.22×10^3
+22	12.60	168.00	2.11	+56	631.00	8.41×10^3	5.31×10^3
+23	14.10	188.00	2.66	+57	708.00	9.44×10^3	6.68×10^3
+24	15.90	211.00	3.35	+58	794.00	10.60×10^3	8.41×10^3
+25	17.80	237.00	4.22	+59	881.00	11.90×10^3	10.60×10^3
+26	20.00	266.00	5.31	+60	1.00	13.30	13.30×10^{-3}
+27	22.40	299.00	6.68	+61	1.12	15.00	16.80×10^{-3}
+28	25.10	335.00	8.41	+62	1.26	16.80	21.10×10^{-3}
+29	28.20	376.00	10.60	+63	1.41	18.80	26.60×10^{-3}
+30	31.60	422.00	13.30	+64	1.59	21.10	33.50×10^{-3}
+31	35.50	473.00	16.80	+65	1.78	23.70	42.20×10^{-3}
+32	39.80	531.00	21.10	+66	2.00	26.60	53.10×10^{-3}
+33	44.70	596.00	26.60	+67	2.24	29.90	66.80×10^{-3}
+34	50.10	668.00	33.50	+68	2.51	33.50	84.10×10^{-3}
+35	56.20	750.00	42.20	+69	2.82	37.60	106.00×10^{-3}
+36	63.10	841.00	53.10	+70	3.16	42.20	133.00×10^{-3}
+37	70.80	944.00	66.80	+71	3.55	47.30	163.00×10^{-3}
+38	79.40	1.06×10^3	84.10	+72	3.98	53.10	211.00×10^{-3}
+39	89.10	1.19×10^3	106.00	+73	4.47	59.60	266.00×10^{-3}
+40	100.00	1.33×10^3	133.00	+74	5.01	66.80	355.00×10^{-3}
+41	112.00	1.50×10^3	168.00	+75	5.62	75.00	422.00×10^{-3}
+42	126.00	1.68×10^3	211.00	+76	6.31	84.10	531.00×10^{-3}
+43	141.00	1.88×10^3	266.00	+77	7.08	94.40	668.00×10^{-3}
+44	159.00	2.11×10^3	335.00	+78	7.94	106.00	841.00×10^{-3}
+45	178.00	2.37×10^3	422.00	+79	8.91	119.00	1.06
+46	200.00	2.66×10^3	531.00	+80	10.00	133.00	1.38
+47	224.00	2.99×10^3	668.00	+81	11.20	150.00	1.68

附录 D 有线电视系统常用名词术语

1. 前端 head end

接在接收天线或其他信号源与电缆分配系统其余部分之间的设备，用以处理要分配的信号。

注：例如，前端可以包括天线放大器、频率变换器、混合器、频率分离器和信号发生器等。

2. 本地前端 local head end

直接与系统干线或与作干线用的短距离传输线路相连的前端。

3. 中心前端 hub head end

一种辅助前端，通常设置在他服务区域的中心，其输入来自本地前端及其他可能的信号源。

4. 远地前端 remote head end

由这个前端，经过长距离地面或卫星线路把信号传递到本地前端。

5. 分配点 distribution point

从干线取出信号馈送给支线和（或）分支线的点。

注：在某些情况下，分配点可直接与前端相连。

6. 馈线 feeder

是电缆分配系统的一个组成部分，作为信号传输通路。这一通路可以由金属电缆、光缆、波导或他们之间的任意组合来构成。

本术语也可以应用到包含一个或多个无线电线路的通路。

7. 超干线 super trunk feeder

仅指连接在前端之间或前端与第一个分配点之间的馈线。

8. 干线 trunk feeder

在前端和分配点之间或各分配点之间传输信号用的馈线。

9. 支线 branch feeder

用于连接分配点和分支线的馈线。

注：支线与分支线的连接处可接放大器或分配器等。

10. 分支线 spur feeder

连接用户分支器或串接式系统输出口的馈线。

11. 用户线 subscriber's feeder

将用户分支器接到系统输出口的馈线。当没有采用输出口时，则为直接接到用户设备的馈线，在这种情况下，他可以包括滤波器和平衡一不平衡转换器。

12. 干线放大器 trunk amplifier

用来补偿干线衰减的放大器。

13. 天线放大器 antenna amplifier

与天线联用的放大器（通常是低噪声型）。

14. 桥接放大器 bridger amplifier

a. 为了提供分配点而接在干线中的放大器。

b. 接在支线中以激励一条（或多条）支线或分支线的放大器。

15. 干线桥接放大器 trunk bridger amplifier

用作补偿干线衰减并提供分配点的放大器。

16. 分配放大器 distribution amplifier

为了激励一条（或多条）支线或分支线而设计的放大器。

注：这是通用的术语，包括支线放大器或分支线放大器。

17. 支线放大器 branch amplifier

用作补偿支线中衰减的放大器。

18. 分支线放大器（线路延长器）spur amplifier（line extender）

用作补偿分支线中衰减的放大器。

19. 自动电平控制放大器 automatic level controlled amplifier

能自动控制输出端信号（一个或多个）电平的放大器。

为使增益变化或斜率变化或两者同时变化来达到控制目的，可采用如下方法：

a. 一个或多个导频载波。

b. 温度敏感器件。

c. 遥控。

20. 频率变换器 frequency converter

在送入馈线传输前将一个或多个信号的载波频率加以改变的装置。

21. 混合器 combiner

将两个或多个输入口上的信号馈送给一个输出口的装置。

注：某些形式的混合器可反向作分配器用。

22. 频率分离器 separator

将一个输入端（履盖某个频段）上的信号分离成两路或多路输出，每路输出都履盖着该频段某一部分的装置。

注：①例如，双工器是两输出口的频率分离器；

②某些形式的频率分离器可反向作混合器用。

23. 分配器 splitter

将一个输入口的信号能量均等或不等地分配到两个或多个输出口的装置。

注：某些形式的分配器可反向用来混合信号能量。

24. 定向耦合器 directional coupler

分配器的一种，其任意两个输出口之间的衰减超过输入口和此两个输出口之间衰减的总和。

25. 均衡器 equalizer

在一定频率范围内，用来补偿由于馈线或设备引起的幅度、频率失真或相位、频率失真的装置。

注：该装置仅用于补偿线性失真。

26. 用户分支器 subscriber's tap

连接用户线与分支线的装置。

27. 频道选择器 channel selector

为选择所需要的频道而使用的装置，常放在用户端。

28. 系统输出口 system outlet

连通用户线和接收机引入线的装置。

29. 串接式系统输出口（串接单元）looped system outlet（series unit）

不需要用户线，直接与接收机引入线相连又能构成分支线通路的装置。

30. 接收机引入线 receiver lead

连接系统输出口与用户设备的引入线。

注：它可包括附加在电缆上的滤波器和平衡-不平衡转换器。

31. 信号适配器 signal adaptor

当电缆分配系统中所分配的电视信号不符合 CCIR 制［仅指射频（RF）结构］时，该装置将信号加以改变，使其与 CCIR 制一致而不改变基带特性。

32. 电缆系统接收机 cabled system receiver

专门设计工作于电缆分配系统的电视或声音接收机。

33. 接收机变换器 set top converter

串接在接收机引入线中，主要用来把系统载频变换成接收机所设计频率的装置。

34. 分贝比 decibel ratio

两个功率 P_1 和 P_2 的分贝比定义为：$10\lg \dfrac{P_1}{P_2}$。

35. 标准参考功率（P_0）standard reference power

在电缆分配系统中，标准参考功率为 $1/75\mathrm{pW}$。

注：该功率是指在 75Ω 电阻两端电压降（有效值）为 $1\mu\mathrm{V}$ 时所消耗的功率。

36. 电平 level

任一功率（P_1）的电平是指该功率对标准参考功率（P_0）的分贝比，即：$10\lg\dfrac{P_1}{P_2}$。

还可以用分贝（相对于 75Ω 上 $1\mu\mathrm{V}$ 电压）表示，或用 $\mathrm{dB}\mu\mathrm{V}$ 表示。

注：视频调制载波的"功率"是指调制包络处的峰值功率（即最大有效值电压的平方除以阻抗）。

37. 衰减 attenuation

任一系统的衰减是输入功率对输出功率的分贝比。

38. 增益 gain

任一系统的增益是输出功率对输入功率的分贝比。

39. 自动增益控制（AGC）automatic gain control

将被控制信号作为控制激励源，使得装置输出口上的信号电平保持恒定的控制方式。

40. 频率响应 frequency response

系统增益或损耗随频率而变化的特性。

41. 斜率 slope

系统任意两点之间，在规定的两个频率点上的增益差或衰减差。

42. 信号斜度 signal tilt

在系统的任意一点，指定的信号之间或信号群之间规定建立的电平差。

43. 交扰调制 cross-modulation

由于系统的非线性，某个信号的调制成分对有用信号载波进行的转移调制。

44. 交扰调制比 cross-modulation ratio

在系统指定点，指定载波上有用调制信号峰-峰值对转移调制成分峰-峰值的分贝差。

45. 相互调制 intermodulation

由于系统设备的非线性，在多个输入信号的线性组合频率点产生寄生输出信号（称为互调产物）的过程。

46. 载波互调比 carrier to intermodulation ratio

在系统指定点，载波电平对规定的互调产物电平或对互调产物组合电平的分贝差。

47. 载噪比 carrier to noise ratio

在系统的给定点，图像或声音载波电平与在该点噪波电平之间的分贝差（测量带宽应适于所使用的电视和声音广播制式）。

48. 相互隔离 mutual isolation

在待测系统的频率范围内的任意频率上系统某个输出口与另一个输出口之间的衰减。对任何特定的设施，总是取在规定频率容限内所测得的最小值作为相互隔离。

49. 回波值 echo rating

回波值 E 定义为：对被测系统输入 $2T$ 正弦平方脉冲，按 GB2786—1981《彩色电视广播接收机测量方法》中的规定，用规定的标度板上的边界线来衡量而得到的值，接收到的脉冲的所有部分都应落入边界线内。

注：标度板设计的目的是要保证额定值为 E 的回波的主观效果和相对测试脉冲的峰值振幅为 $\frac{E}{2}$，并具有大于 $12T$ 位移量的单一回波效果一样。

50. 色/亮度时延差 chrominance-luminance delay inequality

一个被彩色副载波填充了的 $10T$ 正弦平方脉冲和条信号通过系统或设备后，其色度信号和亮度信号之间产生的时延不等性。

51. 频率标志 frequency designations

电缆分配系统采用 IEC 公告 50（60）国际电工辞典（IEV）第 60 章：无线电通信（60-02-020）的频率标志和缩写（例如，甚高频 VHF 系统包括 $30\sim300MHz$ 之间的频率）。

52. 良好匹配 well-matched

面向被测设备的测试装置的一个或多个接口处的回波损耗至少为 20dB（相对系统的阻抗时），此时，测试装置可称为"良好匹配"。

53. 安全接地 bonding

安全接地是一种安全措施，即将电路与电源地线（或大地）或其他已接地的金属装置相连接，在室外设备情况下应与周围的大地相接。

附录 E　广播电影电视部建设项目竣工验收规定

广发计字（1990）349 号

【章名】　第一章　总则

第一条　为了考核基本建设成果，检验设计和施工质量，促进建设工程及时交付使用，发挥投资效果，总结建设经验，根据国家有关规定，并结合我部基本建设的具体情况，特制定本规定。

第二条　竣工验收范围：凡是部新建、改建、扩建、更新改造等项目，按批准的设计文件所规定内容建完，符合设计要求、具备使用条件，都要及时组织验收，办理固定资产交付使用的转账手续。

第三条　凡达到验收投产条件的建设项目，三个月内不办理验收和移交固定资产手续的（包括年末未办验收已报投产的项目），通知建设银行停止基建拨款或贷款。对于企业建设项目，同时取消基建试车收入分成，由建设银行监督全部上交财政。三个月内办理了验收和移交固定资产手续的企业建设项目，经部或当地建设主管部门批准，提前投产期间实现的利润，由生产筹建单位和项目承包单位分成。

如建设项目在三个月内办理验收和移交固定资产手续确有困难，经征得建设主管部门同意后报部批准可适当延长期限，但最多不得超过三个月。

凡未经验收的建设项目，一律不得交付使用。

第四条　竣工验收的依据。建设项目的验收，依据上级主管部门批准的设计任务书、初步设计、施工图和设备技术说明书或有关技术协议、国家和部颁标准规范、现行施工技术验收规范，以及上级领导机关的有关建设文件和建设项目的承包或包干文件等。

从国外引进新技术或设备，还应按照签订的合同和国外提供的设计文件等资料，进行验收。

【章名】　第二章　竣工验收条件

第五条　基本建设项目竣工验收，交付使用或生产，应达到下列条件：

（一）建设项目的主要技术建筑和技术辅助设施，按批准的设计规模建完，达到设计标准，能正常使用；

（二）主要工艺设备已安装配套，经单项调试合格并经联动负荷运转，符合广播电视有关专业技术标准和技术规范要求，能正常使用，或能够生产出设计文件中所规定的合格产品；

（三）环境保护和安全设施已按照规定与主体工程同时建成，达到设计的标准；

（四）职工宿舍和其他必要的福利设施，基本达到批准的设计文件所规定的标准；

（五）维护人员或生产人员基本配齐，能适应投产初期的需要；

（六）维护用主要仪器、设备基本配齐，能适应投产初期的需要。

第六条　更新改造项目的环境保护设施由于历史原因未能完全作到，可由验收委员会（或小组，下同）会同地方环保、卫生部门按照危害程度，根据国家有关规定区别对待。

第七条　建设项目已基本符合竣工验收条件，只是由于维护或生产人员尚未配齐，少数非主要设备和特殊器材、仪器等，短期内不能解决，或工程尚未按设计要求建完，但对投产影响不大，也应及时办理验收。部主管部门要督促和帮助使用单位限期配齐维护或生产人员。经验收委员会审定，对所缺设备、器材、仪器以及未完工程量和投资预算，在验收鉴定书中写明，并明确解决办法。

【章名】　　第三章　竣工验收程序

第八条　单项工程验收。一个单项工程已具备交工验收条件，建设单位应在接到施工单位交工通知后，即可组织使用单位、设计单位、筹建单位和施工单位整理有关的施工技术资料和竣工图，据以进行验收和办理验收手续。对于设备安装工程，要根据有关资料和文件逐项进行试验和负荷联动试验。对于隐蔽工程不仅要有完整的资料，而且要进行严格检查后，方能验收。验收合格，双方签署《交工验收证明书》。如果交工验收中发现需要返工，修整的部分，应规定期限完成。

第九条　单项工程验收。对于维护量大，技术性强的设备和单项工程，使用单位应及早准备好维护力量。

第十条　总体工程验收。整个建设项目已符合本规定的竣工验收条件时，可组织总体工程验收，一般可分初验和正式验收两步进行。对于小型建设项目，可以不进行初验，直接进行正式验收，但要做好充分的准备。在准备工作就绪后，由建设单位向部主管部门提出正式验收报告。总体工程验收办法如下：

（一）初验：整个建设项目具备竣工验收条件后，筹建单位应及时写出包括工程概况、设计要求、完成情况、完成投资额、工程质量、工程造价的分析、技术设备的调试报告等内容的竣工报告，报建设单位并抄送部主管部门。建设单位接此报告后应在一个月内组织设计单位、使用单位、施工单位和当地建设银行、环保、消防部门以及工程质量监督检查部门组成初验小组，做好以下准备工作并进行初验：

1. 对全部建设工程进行检查和重点项目抽查；

2. 对主要技术设施进行测试并做好联动负荷运转试验，写出试验报告；

3. 核实未完工程，提出解决办法，列出包括工程量、预算、完成日期等一览表；

4. 检查建设项目的投资执行情况，分析概（预）算的执行情况。超过概（预）算应说明理由，由建设银行审查后报请部主管部门批准同意；

5. 对隐蔽工程进行检查并核对隐蔽工程的图样、资料是否齐全；

6. 检查是否做好竣工图、技术资料以及工程文件的整理汇总，分类编目，装订成册，有关档案馆规定上报的工程图样、资料等，检查是否齐备；

7. 核实工程剩余物资，核对器材账目，是否账物相符；

8. 做好设备、工具、仪器、维护器材及一切固定资产的清点造册登记工作，做好固定资产构成分析表；

9. 检查是否处理完毕各种债权债务；

10. 负责草拟建设项目验收鉴定书；

11. 其他。

初验中如发现问题，应及时进行处理，使存在的问题解决后才能正式验收。

（二）经初验后符合竣工验收条件，由初验小组负责提出正式验收报告，经建设单位审查后报部主管部门。报告内容如下：

1. 工程名称、内容及建设概况；

2. 主要设施测试结果和联动负荷运转试验情况；

3. 工程的质量和对施工中出现的重大质量事故处理的审查意见等；

4. 投资执行情况，物资消耗情况；

5. 投入使用（或生产）的准备情况和意见；

6. 所有竣工图样、资料的整理汇总情况；

7. 固定资产的清点情况；

8. 遗留问题及处理意见。

（三）正式验收。部主管部门接到竣工验收报告后，在两个月内应组织正式验收工作。正式验收工作由验收委员会负责进行。正式验收时，对已验收过的单项工程，原则上不再办理验收手续。

【章名】　第四章　验收委员会的组成及职责

第十一条　验收委员会由部主管部门负责邀请国家计委、建设部、建行总行、审计署并吸收建设单位、使用单位、设计单位、施工单位和当地计委、建委、建设银行、规划、土地、质量监督、市政、供水、供电、消防、人防、环保、劳动、卫生、档案等有关部门的领导或专业人员组成。验收委员会设主任委员一名，副主任委员若干名，委员若干名。

第十二条　部属 300 万元（含）以上的项目，由部组织验收或者委托建设单位验收；3000 万元（含）以上的大中型项目，由国家计委组织验收；1 亿元（含）以上的大型项目，由国家计委报国务院批准组织验收。部属 300 万元以下的和单位宿舍建设项目，各建设单位组织验收。

第十三条　地方厅（局）的大中型建设项目的验收，按照国家和当地有关规定并参照本规定进行。

第十四条　验收委员会职责：

（一）制定竣工验收工作计划；

（二）听取建设情况的汇报和预验收汇报，并对全部工程进行现场复查；

（三）审查工程竣工报告、竣工验收报告、设备性能测试鉴定书、各单位工程《交工验收报告书》以及各种建设文件、竣工图、隐蔽工程检查验收记录、同意设计变更的文件及停工和返工的记录、重大的安全事故和工程质量事故的处理报告等；

（四）检查主要设备的运转情况和测试记录；

（五）对于工程的遗留问题及验收中发现的问题作出具体处理意见；

（六）对全部工程的质量和设计作出鉴定；

（七）讨论并通过建设项目验收鉴定书，并由主任委员、副主任委员以及各委员签字；

（八）提出竣工验收工作的总结报告，报告内容应包括：验收工作进行情况、对整个项目的设计和施工质量的评价、验收委员会已作出决议以及需请示上级主管部门解决的问题和对新工程启用时间的初步意见等。

第十五条　验收委员会在验收中未能解决的有争议的问题，由上级主管部门负责仲裁。

【章名】　第五章　竣工决算的编制和剩余材料、竣工资料的处理

　　第十六条　认真做好物资、财务的清理工作。工程剩余的物资，由建设单位开列清单并提出处理方案，报部主管部门批准并抓紧进行处理。

　　第十七条　建设项目竣工验收前，应由包建单位提供各单项工程的竣工决算，经建设银行和建设单位审查后汇总，工程验收一个月内编制好工程总决算。竣工决算必须内容完整，核对准确，真实可靠。具体竣工决算的编制，应根据国家有关规定进行。

　　第十八条　建设项目验收后，应在一个半月内完成固定资产交付使用的转账手续，同时将竣工决算正式上报部主管部门和建设银行，其中有关财务部分，应有开户银行的审查签证。

　　第十九条　经验收审查后的竣工文件、资料、图样和竣工决算按国档发（1988）4 号文规定一并移交使用单位及档案管理部门作为技术档案妥善保管。重要的技术资料（竣工验收鉴定书、竣工决算、竣工图等），应复制分送上级领导机关。

　　第二十条　本规定由广播电影电视部负责解释。

　　第二十一条　本规定自颁布之日起实施。

附录 F　有线电视系统技术维护运行管理暂行规定

【章名】　第一章　总则

　　第一条　为加强有线电视系统技术维护运行管理，维护人民群众的合法权益，确保有线电视系统的安全优质播出，根据《有线电视管理暂行办法》，制定本规定。

　　第二条　本规定适用于有线电视台、有线电视站和共用天线系统及其附属设备。

　　第三条　有线电视系统技术维护运行管理范围，包括前端设备、信号传输和分配网络、用户终端。

　　第四条　各级广播电视行政管理部门统一归口管理本行政区域的有线电视系统技术维护运行工作。

　　广播电影电视部主管全国有线电视系统技术维护运行管理工作。各省、自治区、直辖市广播电视厅（局）主管本行政区域的有线电视系统技术维护运行管理工作。

【章名】　第二章　维护机构及其职责

　　第五条　有线电视台、有线电视站和共用天线系统应根据系统规模设立有线电视系统技术维护运行管理机构（下称维护机构）或设专人负责有线电视系统技术维护运行管理工作。

　　第六条　有线电视系统技术维护运行管理机构应具备下列条件：

　　（一）有独立的办公场所或必备的办公条件。

　　（二）有专职的维护工作人员。其中，必须有技术管理人员、检修人员和检查人员。按该有线电视系统的规模大小，具有中级以上专业技术职务的人数应在其维护人员中占有适当的比例；检修人员应按人均负责 2000 户左右配备。

（三）有可靠的经费来源。

（四）拥有监测有线电视系统主要技术指标的仪器、仪表以及进行维护工作必需的工具和设备。

（五）拥有及时处理用户投诉故障的必要交通工具和技术手段。

（六）维护机构的负责人和主要技术人员，应熟悉、执行和遵守广播电影电视部、省级广播电视行政管理部门制定的有关技术方针、政策、标准和工作制度以及有线电视的法规。

第七条　维护机构的主要职责是：

（一）应在省级广播电视行政管理部门的组织或委托下，参加有线电视系统的工程验收。

（二）对管理范围内的线路和设备进行维护和保养，并定期进行检测和检修，保证设备正常运行和信号的正常传送。

（三）对有线电视系统进行监测，确保各项技术指标和信号质量符合有关规定。

（四）及时处理故障，受理用户的投诉和查询。

（五）负责有线电视系统设备的技术改造和技术革新。

【章名】　第三章　维护要求

第八条　维护机构应严格遵守各项规章制度，建立健全岗位责任制和计量、值班、安全等维护工作制度，定期对线路和设备进行检测维修，故障抢修，仪器管理。

第九条　维护机构和维护人员要做好工作日志、事故及处理情况记录、检修记录，建立和完善传输、分配系统档案、技术设备档案、用户档案，并确保各项资料的详实完整。

第十条　维护机构要定期对主要技术指标进行测试调整，使其达到规定的技术要求。

第十一条　有线电视系统的技术指标要求，按照有关有线电视的国家标准及行业标准执行。

第十二条　维护机构应定期对播出事故和系统技术运行质量情况进行统计，并上报所在地广播电视行政管理部门。

第十三条　维护机构应设专人接待用户的投诉和查询事宜，对用户投诉故障，维护人员应及时处理。一般故障应在 24 小时内解决，难度大的故障的解决不得超过 72 小时。维护机构应对维修人员处理情况进行监督、抽查。

第十四条　维护机构主要负责人应定期对用户收视效果进行调查，听取用户意见，了解服务质量，改进工作作风，维护人民群众的合法权益。

第十五条　有关测试仪器配备和测试指标，参照本规定的附件执行。

（附件另发）

【章名】　第四章　法律责任

第十六条　县级以上（含县级）广播电视行政管理部门负责对当地有线电视系统的技术维护运行管理工作进行监督检查。

凡违反本规定，没有积极做好有线电视系统的技术维护运行工作，影响有线电视系统安全播出，或节目传送质量不好影响用户正常收视电视节目的，广播电视行政管理部门可参照《有线电视管理暂行办法》，责令有线电视台、有线电视站或设置共用天线系统单位对整个系统的线路和设备进行检测维修，使其达到规定的技术要求。对拒不执行这一决定的，可处以一万元以下的罚款，并要求其继续执行该决定。受害人也可根据《民法通则》的规定，要求有线电视台、有线电视站或设置共用天线系统单位赔偿损失。

第十七条　凡违反本规定第八条、第九条、第十条、第十二条和第十三条规定的，广播电视行政管理部门可责令有线电视台、有线电视站或设置共用天线系统单位依法履行规定的义务。广播电视行政管理部门可视情节轻重，对该有线电视台、有线电视站或设置共用天线系统单位提出警告、一万元以下的罚款或由原审批机关吊销其有线电视台（站）许可证等行政处罚，并可建议直接责任人所在单位对其主要负责人和直接责任人给予警告、记过等行政处分。

第十八条　当事人对广播电视行政管理部门的行政处罚决定不服的，可在收到处罚决定书之日起十五日内，向作出行政处罚决定的管理部门的上一级行政管理部门申请复议，上一级广播电视行政管理部门应当在收到复议申请之日起两个月内作出复议决定。当事人对复议决定不服的，可以在接到复议决定书之日起十五日内向人民法院起诉。

当事人在规定的期限内不申请复议，也不向人民法院起诉、又不履行处罚决定的，由作出处罚决定的行政管理部门申请人民法院强制执行。

【章名】　第五章　附则

第十九条　本规定由广播电影电视部负责解释。
第二十条　本规定自发布之日起施行。

参 考 文 献

[1] 王慧玲,胥凌,易兴俊. 有线电视实用技术与新技术[M].西安:西安电子科技大学出版社,1999.

[2] 陶宏伟.有线电视技术[M].北京:电子工业出版社,2001.

[3] 谷由石,等.有线电视系统设计安装调试与维修[M].北京:人民邮电出版社,1995.

[4] 彭明全,等.有线电视技术教程[M].北京:电子工业出版社,1999.

[5] 何家琪,等.有线电视技术与系统设计[M].北京:科学技术文献出版社,1996.

[6] 何则晃,邓小志,周力,等.有线电视数字加解密技术与集成电路[M].北京:电子工业出版社,
1999.

[7] 陈振源.卫星电视接收与有线电视技术[M].北京:高等教育出版社,1998.

[8] 《有线电视技术》编辑部.有线电视技术[J].《有线电视技术》杂志社,1997(1)－2001(12).